300 问学电工丛书

物业电工实用技术 300 问

孙克军　主　编

梁国壮　刘　浩　副主编

机械工业出版社

本书内容包括物业电工基础知识、物业小区供配电、电气照明装置、常用机电设备、电梯与自动扶梯、电话与宽带网络、卫星接收与有线电视系统、火灾报警与自动灭火系统、安全防范系统、建筑物防雷与安全用电等。书中简要介绍了物业电工基础知识，并介绍了物业小区供配电、电气照明、常用机电设备、电梯等的基本结构、工作原理、使用与维护，重点讲述了住宅小区电话系统、卫星接收与有线电视系统、火灾报警与自动灭火系统、安全防范系统的选择、安装、使用与维护等。

本书的主要特点是理论联系实际，简要介绍基础知识和结构原理，重点讲述操作技能，培养读者分析问题和解决问题的能力。本书密切结合生产实际，突出实用、图文并茂、深入浅出、通俗易懂，具有实用性强，易于迅速掌握和运用的特点。

本书适合具有初中以上文化程度的物业电工自学使用，对工程技术人员、电工管理人员也有参考价值，也可作为大中专、职业院校及各种短期培训班和再就业工程培训的教学参考书。

图书在版编目（CIP）数据

物业电工实用技术300问/孙克军主编. —北京：机械工业出版社，2018.6（2024.12重印）
（300问学电工丛书）
ISBN 978-7-111-59755-1

Ⅰ. ①物… Ⅱ. ①孙… Ⅲ. ①建筑安装-电工-问题解答
Ⅳ. ①TU85-44

中国版本图书馆 CIP 数据核字（2018）第 082849 号

机械工业出版社（北京市百万庄大街 22 号　邮政编码 100037）
策划编辑：任　鑫　责任编辑：任　鑫
责任校对：刘雅娜　封面设计：马精明
责任印制：单爱军
北京虎彩文化传播有限公司印刷
2024 年 12 月第 1 版第 7 次印刷
148mm×210mm · 8.5 印张 · 244 千字
标准书号：ISBN 978-7-111-59755-1
定价：35.00 元

电话服务　　　　　　　　　网络服务
客服电话：010-88361066　　机 工 官 网：www.cmpbook.com
　　　　　010-88379833　　机 工 官 博：weibo.com/cmp1952
　　　　　010-68326294　　金 书 网：www.golden-book.com
封底无防伪标均为盗版　机工教育服务网：www.cmpedu.com

前　言

　　随着国民经济的飞速发展，电能在工农业生产、军事、科技及人民日常生活中的应用越来越广泛。各行各业对电工的需求越来越多，新电工不断涌现，新知识也需要不断补充。为了满足广大再就业人员学习电工技能的要求，我们组织编写了"300问学电工丛书"。本丛书有建筑电工、维修电工、物业电工、装修水电工分册，书中采用大量图表，内容由浅入深、言简意赅、通俗易懂、简明实用、可操作性强，力求帮助广大读者快速掌握行业技能，顺利上岗就业。

　　本书是物业电工分册，是根据广大物业电工的实际需要而编写的。以帮助物业电工提高电气技术的理论水平及处理实际问题的能力。在编写过程中，从当前物业电工的实际情况出发，面向生产实际，搜集、查阅了大量有关资料，归纳了物业电工基础知识、物业小区供配电、电气照明装置、常用机电设备、电梯与自动扶梯、电话与宽带网络、卫星接收与有线电视系统、火灾报警与自动灭火系统、安全防范系统、建筑物防雷与安全用电等方面的内容，精选了300个常见的技术问题。书中简要介绍了物业电工基础知识，并介绍了物业小区供配电、电气照明、常用机电设备、电梯等的基本结构、工作原理、使用与维护，重点讲述了住宅小区电话系统、卫星接收与有线电视系统、火灾报警与自动灭火系统、安全防范系统的选择、安装、使用与维护等。编写时考虑到了系统性，力求突出实用性，努力做到理论联系实际。

　　本书突出了简明实用、通俗易懂、可操作强的特点。书中采用大量图表，由浅入深，全面介绍了物业电工应掌握的基础知识和基本操作技能。本书不仅可作为农村进城务工人员，以及没有相应技能基础的广大城乡待业、下岗人员的就业培训用书，也可供已经就业的物业电工在技能考评和工作中使用，还可作为职业院校有关专业师生的教学参考书。

本书由孙克军主编，梁国壮、刘浩为副主编。第 1 章由孙克军编写、第 2 章由梁国壮和路继勇编写，第 3 章由刘浩编写，第 4 章由薛增涛编写，第 5 章由商晓梅编写，第 6 章由王忠杰编写，第 7 章由钟爱琴编写，第 8 章由王雷编写，第 9 章由杨征编写，第 10 章由成斌编写。编者对关心本书出版、热心提出建议和提供资料的单位和个人在此一并表示衷心的感谢。

由于编者水平所限，书中难免有不妥之处，希望广大读者批评指正。

编　者

目　录

前言

第1章　物业电工基础知识 …………………………………………… 1

1-1　小区智能化系统由哪几部分组成？ …………………………… 1

1-2　智能化建筑的服务功能有哪些？ ……………………………… 1

1-3　物业电工的行业范围包括哪些？ ……………………………… 3

1-4　物业电工的技能特点是什么？ ………………………………… 3

1-5　对物业电工有什么基本要求？ ………………………………… 4

1-6　什么是建筑电气工程图？它有什么特点？ …………………… 5

1-7　如何识读建筑安装平面图？ …………………………………… 6

1-8　如何识读动力电气工程图？ …………………………………… 7

1-9　如何识读照明电气工程图？ …………………………………… 8

1-10　如何识读消防安全系统电气图？ ……………………………… 9

1-11　如何识读火灾自动报警及自动消防平面图？ ……………… 10

1-12　如何识读防盗报警系统电气图？ …………………………… 11

1-13　如何识读有线电视系统图？ ………………………………… 11

1-14　如何识读通信、广播系统图？ ……………………………… 12

第2章　物业小区供配电 ………………………………………… 13

2-1　物业小区供电系统有什么特点？ …………………………… 13

2-2　中性线在低压配电系统中有什么作用？ …………………… 14

2-3　物业小区保证为重要负荷供电的措施有哪些？ …………… 15

2-4　小区变电所运行与维护的主要工作内容是什么？ ………… 16

2-5　小区配电所值班电工的工作职责是什么？ ………………… 16

2-6 小区配电所值班电工典型操作的一般原则有哪些？ ………… 17

2-7 什么是倒闸操作？ ……………………………………… 17

2-8 倒闸操作现场应具备什么条件？ ……………………… 18

2-9 倒闸操作的顺序应遵守哪些规定？ ………………… 18

2-10 进行倒闸操作时应该注意什么？ …………………… 19

2-11 变电所送电时应如何进行操作？ …………………… 19

2-12 变电所停电时应如何进行操作？ …………………… 20

2-13 处理小区配电所事故有哪些有关规定？ …………… 20

2-14 小区配电所线路事故应如何处理？ ………………… 21

2-15 小区配电所变压器事故应如何处理？ ……………… 21

2-16 小区配电所电气误操作事故应如何处理？ ………… 22

2-17 油浸式电力变压器由哪几部分组成？ ……………… 22

2-18 变压器投入运行前应进行哪些检查？ ……………… 23

2-19 变压器运行中如何监视与检查？ …………………… 24

2-20 在什么情况下应对变压器进行特殊巡视检查？ …… 25

2-21 切换分接开关的注意事项是什么？ ………………… 26

2-22 补充变压器油的注意事项是什么？ ………………… 27

2-23 变压器常见故障有哪些？应怎样处理？ …………… 28

2-24 架空线路竣工时应检查哪些内容？ ………………… 29

2-25 架空线路应巡视检查哪些内容？ …………………… 29

2-26 架空线路巡视检查时应注意什么？ ………………… 30

2-27 架空线路的日常维修内容有哪些？ ………………… 30

2-28 室内配电线路应满足哪些技术要求？ ……………… 31

2-29 如何选择室内配电导线？ …………………………… 32

2-30 导线接头应满足哪些基本要求？ …………………… 33

2-31 室内配电线路出现短路故障时应该怎样排除？ …… 34

2-32 室内配电线路出现断路故障时应该怎样排除？ …… 34

2-33 室内配电线路漏电故障时应该怎样排除？ ………… 35

2-34 常用电气设备维护保养制度是如何规定的？ ……… 36

2-35 如何维护保养电气控制柜？ ……………………… 38

2-36 如何维护保养动力配电控制箱？ ………………… 38

2-37 怎样起动柴油发电机？ …………………………… 39

2-38 柴油发电机运行中应如何进行监视和检查？ …… 39

2-39 使用柴油发电机时应注意什么？ ………………… 40

2-40 柴油发电机如何正常停机？ ……………………… 41

2-41 柴油发电机怎样紧急停机？ ……………………… 41

2-42 如何进行柴油发电机组的日常保养？ …………… 42

2-43 小区停电后应怎样进行应急处理？ ……………… 42

2-44 小区恢复供电时应注意什么？ …………………… 43

第3章 电气照明装置 ……………………………………… 44

3-1 对电气照明有哪些质量要求？ …………………… 44

3-2 怎样安装白炽灯？ ………………………………… 46

3-3 使用白炽灯时应该注意什么？ …………………… 47

3-4 白炽灯有哪些常见故障？应该怎样排除？ ……… 47

3-5 怎样安装荧光灯？ ………………………………… 48

3-6 使用荧光灯时应注意什么？ ……………………… 50

3-7 荧光灯有哪些常见故障？应该怎样排除？ ……… 50

3-8 怎样安装高压汞灯？ ……………………………… 52

3-9 使用高压汞灯时应注意什么？ …………………… 53

3-10 高压汞灯有哪些常见故障？应该怎样排除？ …… 53

3-11 怎样安装和使用卤钨灯？ ………………………… 54

3-12 卤钨灯有哪些常见故障？应该怎样排除？ ……… 55

3-13 怎样安装 LED 灯？ ……………………………… 55

3-14 使用 LED 灯时应注意什么？ …………………… 57

3-15 LED 灯损坏的原因有哪些？应该怎样预防？ …… 58

3-16 电气照明装置施工对灯具有什么要求？ ………… 58

3-17 应急照明系统安装的一般原则是什么？ ……… 59

3-18 怎样安装和使用应急照明系统？ ……… 60

3-19 安装开关应满足哪些技术要求？ ……… 60

3-20 如何正确安装开关？ ……… 61

3-21 安装插座应满足哪些技术要求？ ……… 62

3-22 如何正确安装插座？ ……… 62

3-23 物业小区照明系统有什么特点？ ……… 63

3-24 使用楼道照明时应注意什么？ ……… 64

3-25 如何保养楼道照明？ ……… 65

3-26 怎样检修楼道照明？ ……… 65

3-27 如何使用与维护景观照明和路灯照明？ ……… 66

3-28 怎样检修景观照明和路灯照明？ ……… 67

3-29 如何检查消防应急照明？ ……… 68

3-30 如何检测应急照明控制器？ ……… 68

3-31 怎样维护应急照明系统？ ……… 69

第4章 常用机电设备 ……… 71

4-1 电动机在物业小区动力设备中的应用有哪些？ ……… 71

4-2 三相异步电动机由哪几部分组成？ ……… 71

4-3 三相异步电动机应如何接线？ ……… 72

4-4 如何改变三相异步电动机的旋转方向？ ……… 73

4-5 如何选择电动机的熔体？ ……… 74

4-6 长期停用的电动机投入运行前应做哪些检查？ ……… 75

4-7 正常使用的电动机起动前应做哪些检查？ ……… 76

4-8 电动机起动时有哪些注意事项？ ……… 76

4-9 三相异步电动机运行中应进行哪些监视？ ……… 77

4-10 在什么情况下应测量电动机的绝缘电阻？ ……… 78

4-11 如何测量电动机的绝缘电阻？ ……… 78

4-12 如何改变分相式单相异步电动机转向？ ……… 79

4-13　如何改变罩极式单相异步电动机转向？ ……………… 80

4-14　如何正确使用单相异步电动机？ ………………………… 80

4-15　怎样检修单相异步电动机的离心开关？ ……………… 81

4-16　怎样检修单相异步电动机的电容器？ ………………… 82

4-17　物业小区给排水系统由哪几部分组成？ ……………… 82

4-18　什么是二次供水？ ………………………………………… 83

4-19　变频恒压供水是怎样实现的？ ………………………… 83

4-20　如何进行变频器的日常检查？ ………………………… 85

4-21　如何进行变频器的定期检查？ ………………………… 85

4-22　如何进行水泵的维护保养？ …………………………… 86

4-23　如何保养给排水设备？ …………………………………… 87

4-24　怎样处理给排水设备的故障？ ………………………… 88

4-25　中央空调运行前应进行哪些检查准备工作？ ………… 89

4-26　怎样正确使用中央空调？ ………………………………… 89

4-27　如何进行中央空调的停机操作？ ……………………… 90

4-28　如何起动中央空调的水泵？ …………………………… 91

4-29　中央空调运行时应该如何进行巡视监控？ …………… 91

4-30　如何处理中央空调的异常情况？ ……………………… 92

4-31　中央空调机房管理有哪些规定？ ……………………… 93

4-32　如何维护保养中央空调的冷水机组？ ………………… 94

4-33　如何维护保养中央空调的风机？ ……………………… 95

4-34　如何维护保养中央空调的冷却塔？ …………………… 96

4-35　如何维护保养中央空调的风机盘管？ ………………… 97

4-36　如何维护保养中央空调的水管道？ …………………… 98

4-37　如何维护保养中央空调的阀类、仪表和检测器件？ …… 98

4-38　如何维护保养中央空调的送回风系统？ ……………… 98

4-39　中央空调常见故障及其排除方法有哪些？ …………… 99

第 5 章 电梯与自动扶梯 ······ 103

5-1 电梯由哪几部分组成? ······ 103

5-2 怎样正确使用电梯? ······ 103

5-3 电梯检查维修包括哪些内容? ······ 106

5-4 如何维护保养制动器? ······ 107

5-5 如何维护保养减速器? ······ 108

5-6 如何维护保养联轴器? ······ 109

5-7 怎样正确连接曳引钢丝绳? ······ 109

5-8 如何调整和使用曳引钢丝绳? ······ 110

5-9 如何维护保养曳引钢丝绳与绳头组合? ······ 110

5-10 如何维护与保养轿厢? ······ 111

5-11 电梯门系统由哪几部分组成? ······ 113

5-12 如何维护与保养电梯门? ······ 114

5-13 如何维护与保养自动门机? ······ 114

5-14 如何维护与保养导轨和导靴? ······ 115

5-15 如何维护与保养重量平衡系统? ······ 116

5-16 如何维护与保养限速器? ······ 116

5-17 怎样维护与保养安全钳? ······ 117

5-18 怎样维护与保养缓冲器? ······ 118

5-19 怎样维护与保养终端限位保护装置? ······ 118

5-20 如何维护与保养电梯开关柜? ······ 118

5-21 如何维护与保养电梯安全保护开关与极限开关? ······ 119

5-22 如何维护与保养电梯选层器与层楼指示器? ······ 119

5-23 电梯有哪些常见故障? 应该怎样排除? ······ 120

5-24 自动扶梯主要由哪几部分组成? ······ 122

5-25 自动人行道主要由哪几部分组成? ······ 123

5-26 如何正确使用自动扶梯? ······ 124

5-27 怎样做好自动扶梯和自动人行道的日常检查工作? ······ 125

5-28 如何维护自动扶梯和自动人行道？ ·············· 125

5-29 应该怎样排除梯级和曳引链的故障？ ·············· 127

5-30 如何排除驱动装置的故障？ ·············· 128

5-31 如何排除梯路的故障？ ·············· 128

5-32 如何排除梳齿前沿板的故障？ ·············· 128

5-33 怎样排除扶手装置的故障？ ·············· 129

5-34 如何排除安全保护装置的故障？ ·············· 129

5-35 消防电梯有什么特点？ ·············· 130

5-36 怎样使用消防电梯？ ·············· 131

第 6 章 电话与宽带网络 ·············· 133

6-1 电话通信系统有什么功能？ ·············· 133

6-2 小区电话系统有什么特点？ ·············· 134

6-3 电话通信系统由哪几部分组成？ ·············· 135

6-4 怎样识读住宅楼电话工程图？ ·············· 136

6-5 如何选择电话电缆和电话线？ ·············· 137

6-6 如何选择电话系统的电缆交接箱？ ·············· 140

6-7 如何选择电话分线箱？ ·············· 140

6-8 如何选择电话系统的用户出线盒？ ·············· 141

6-9 小区电话线路敷设有哪些要求？ ·············· 142

6-10 怎样用暗管敷设小区电话线路？ ·············· 143

6-11 楼内电话暗配线时应该注意什么？ ·············· 143

6-12 如何设置楼内电信上升通道？ ·············· 144

6-13 安装电话交接间应满足哪些要求？ ·············· 144

6-14 怎样安装电话交接和分线设备？ ·············· 145

6-15 怎样安装电话插座？ ·············· 146

6-16 如何正确安装电话机？ ·············· 146

6-17 怎样维护保养程控交换机？ ·············· 147

6-18 怎样维护电话线路？ ·············· 147

6-19 电话机有哪些常见故障？应该怎样排除？ ……………… 148

6-20 宽带网络由哪几部分组成？ …………………………… 149

6-21 怎样安装宽带？ ………………………………………… 149

6-22 上网时经常遇到的问题有哪些？应该如何解决？ ……… 150

第7章 卫星接收与有线电视系统 ……………………………… 153

7-1 CATV 系统有什么特点？ ……………………………… 153

7-2 CATV 系统由哪几部分组成？ ………………………… 153

7-3 如何保养 CATV 系统？ ………………………………… 155

7-4 怎样维修 CATV 系统？ ………………………………… 155

7-5 卫星电视接收系统有什么特点？ ……………………… 156

7-6 卫星电视系统由哪几部分构成？ ……………………… 157

7-7 卫星电视接收系统由哪几部分组成？ ………………… 159

7-8 卫星电视接收系统与 CATV 系统怎样连接？ ………… 161

7-9 卫星电视接收天线有哪些类型？各有什么特点？ …… 161

7-10 如何选择卫星电视接收天线？ ………………………… 162

7-11 怎样安装卫星电视接收天线？ ………………………… 163

7-12 如何维护卫星电视接收天线？ ………………………… 165

7-13 使用卫星高频头应注意什么？ ………………………… 165

7-14 有线电视系统由哪几部分构成？ ……………………… 166

7-15 如何选择用户盒？ ……………………………………… 167

7-16 怎样正确安装插头？ …………………………………… 169

7-17 如何选择同轴电缆？ …………………………………… 170

7-18 安装小区有线电视系统应满足哪些要求？ …………… 171

7-19 如何保养和维护有线电视设备？ ……………………… 172

7-20 有线电视系统有哪些常见故障？造成故障的原因
是什么？ ………………………………………………… 172

7-21 如何排除有线电视系统的常见故障？ ………………… 173

7-22 如何维修有线电视系统的放大器？ …………………… 174

第8章 火灾报警与自动灭火系统 ······ 175

8-1 火灾自动报警与自动灭火系统由哪几部分构成？ ······ 175

8-2 火灾探测器有什么基本功能？ ······ 176

8-3 火灾探测器有哪些主要类型？ ······ 176

8-4 火灾自动报警系统有哪些基本形式？ ······ 179

8-5 火灾探测器选择的原则是什么？ ······ 180

8-6 如何选择点型火灾探测器？ ······ 181

8-7 如何选择线型火灾探测器？ ······ 182

8-8 如何确定火灾探测器安装位置？ ······ 183

8-9 火灾探测器有哪些安装方式？ ······ 184

8-10 火灾探测器与其他设施的安全距离是多少？ ······ 185

8-11 怎样安装可燃气体火灾探测器？ ······ 185

8-12 怎样安装红外光束感烟探测器？ ······ 186

8-13 如何安装手动报警器？ ······ 187

8-14 安装火灾报警控制器应满足什么技术要求？ ······ 189

8-15 怎样安装火灾报警控制器？ ······ 189

8-16 安装火灾报警控制器应注意什么？ ······ 190

8-17 自动喷水灭火系统有什么特点？ ······ 191

8-18 怎样正确使用火灾自动报警系统？ ······ 192

8-19 如何保养火灾报警控制系统？ ······ 193

8-20 如何保养自动喷水灭火系统？ ······ 194

8-21 烟、温感自动报警系统应该如何进行保养？ ······ 195

8-22 怎样保养防火卷帘门？ ······ 195

8-23 如何保养气体自动灭火系统？ ······ 196

8-24 如何检查疏散口指示灯？ ······ 197

第9章 安全防范系统 ······ 198

9-1 防盗报警系统由哪几部分组成？ ······ 198

9-2 如何选择防盗探测器？ ······ 199

9-3 怎样安装门磁开关？ …………………………………………… 199

9-4 怎样安装玻璃破碎探测器？ …………………………………… 200

9-5 如何安装主动式红外探测器？ ………………………………… 202

9-6 如何安装被动式红外探测器？ ………………………………… 205

9-7 怎样安装超声波探测器？ ……………………………………… 207

9-8 怎样安装微波探测器？ ………………………………………… 208

9-9 如何安装双鉴探测器？ ………………………………………… 209

9-10 如何调试防盗报警系统？ ……………………………………… 209

9-11 门禁系统由哪几部分组成？ …………………………………… 209

9-12 门禁及对讲系统有哪几种类型？各有什么特点？ ………… 210

9-13 怎样安装门禁及对讲系统？ …………………………………… 212

9-14 如何调试门禁系统？ …………………………………………… 214

9-15 巡更保安系统由哪几部分组成？ ……………………………… 214

9-16 巡更保安系统有哪几种类型？各有什么特点？ …………… 214

9-17 巡更保安系统应满足哪些技术要求？ ………………………… 216

9-18 怎样安装巡更保安系统？ ……………………………………… 216

9-19 如何检查与调试巡更保安系统？ ……………………………… 217

9-20 自动门有哪几种类型？各有什么特点？ …………………… 217

9-21 怎样安装自动门？ ……………………………………………… 218

9-22 停车场（库）管理系统由哪几部分组成？ ………………… 218

9-23 车辆出入检测方式有哪几种？各有什么特点？ …………… 219

9-24 怎样安装停车场（库）管理系统？ ………………………… 220

9-25 如何检查与调试停车场（库）管理系统？ ………………… 221

9-26 闭路电视监控系统由哪几部分组成？ ………………………… 223

9-27 如何配置闭路电视监控系统？ ………………………………… 225

9-28 如何选择摄像机？ ……………………………………………… 226

9-29 怎样安装手动云台？ …………………………………………… 226

9-30 如何安装电动云台？ …………………………………………… 227

9-31　安装摄像机应注意什么？ ……………………………… 228

9-32　怎样安装机柜？ ………………………………………… 229

9-33　如何安装监控台？ …………………………………… 229

9-34　如何调试电视监控系统？ …………………………… 229

9-35　如何维护电视监控系统？ …………………………… 230

9-36　怎样保养电视监控系统？ …………………………… 230

第 10 章　建筑物防雷与安全用电 ……………………………… 232

10-1　常用接闪器有哪些？各有什么特点？ ……………… 232

10-2　避雷器有什么用途？ ………………………………… 233

10-3　什么是保护间隙？怎样安装保护间隙？ ………… 234

10-4　基本防雷措施有哪些？ ……………………………… 234

10-5　建筑物防雷有哪几种类型？ ………………………… 235

10-6　如何安装避雷针？ …………………………………… 236

10-7　怎样安装阀式避雷器？ ……………………………… 236

10-8　怎样安装管式避雷器？ ……………………………… 237

10-9　如何维护防雷设施？ ………………………………… 237

10-10　常用的接地方式有哪几种？ ……………………… 238

10-11　接地和接零时应该注意什么？ …………………… 240

10-12　接地装置由哪几部分组成？ ……………………… 240

10-13　接地体的种类有哪几种？各有什么特点？ …… 241

10-14　怎样安装垂直接地体？ …………………………… 241

10-15　怎样安装水平接地体？ …………………………… 242

10-16　如何安装接地线？ ………………………………… 244

10-17　选择与安装接地装置时应注意什么？ ………… 245

10-18　如何检查与维护接地装置？ ……………………… 245

10-19　什么是单相触电？ ………………………………… 246

10-20　什么是跨步电压触电？ …………………………… 247

10-21　什么是两相触电？ ………………………………… 247

10-22 什么是接触电压触电？ ……………………………… 247

10-23 使用安全电压时应注意什么？ …………………… 248

10-24 防触电应采取哪些安全措施？ …………………… 249

10-25 进行电气操作有哪些规定？ ……………………… 250

10-26 安全用电常识有哪些？ …………………………… 251

10-27 避免直接触电应采取的措施有哪些？ …………… 251

10-28 如何防止发生人身触电事故？ …………………… 252

10-29 怎样使触电者迅速脱离电源？ …………………… 252

10-30 触电抢救的原则是什么？ ………………………… 252

10-31 如何判断触电者的呼吸和心跳情况？ …………… 253

10-32 如何对触电者进行救护？ ………………………… 253

参考文献 ……………………………………………… 256

第1章

Chapter ▶▶ 01

物业电工基础知识

❓1-1 小区智能化系统由哪几部分组成？

智能化建筑是建筑艺术与计算机和信息技术有机结合的高科技的建筑物。发展智能化建筑已是一个必然的趋势。

智能化建筑是将结构、系统、服务、管理及其相互关系，以最优化的设计，全面综合达到最佳组合，提供一个投资合理又拥有高效率的优雅舒适、便利快捷、高度安全的环境空间。

智能小区和智能住宅都是以科学技术为基础，依靠先进的设备和科学的管理，利用计算机及相关的最新技术，将传统的土木建筑技术和计算机技术、自动控制技术、通信与信息处理技术等先进技术结合的建筑空间。它以节约能源，降低运行成本，提高住宅基础物业管理、安全防范管理以及信息服务等方面的自动化程度和综合服务水平为目标，为小区住户提供安全、舒适、方便、快捷和信息高度畅通的家居环境。

智能小区的组成可以从功能角度来看，也可以从系统对象角度来看。图1-1从功能角度给出了小区智能化系统的组成。图1-2从系统对象角度给出了小区智能化系统的组成。

❓1-2 智能化建筑的服务功能有哪些？

智能化建筑有以下服务功能：

1. 安全性

为了保证安全性，智能化建筑中通常包括防盗报警系统、出入口控制系统、闭路电视监视系统、保安巡更管理系统、电梯保安与运控

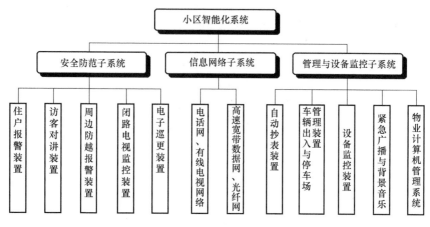

图 1-1　小区智能化系统的组成（功能角度）

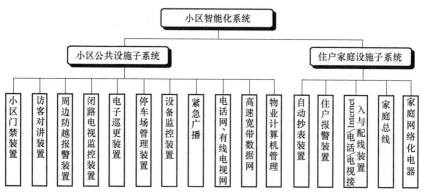

图 1-2　小区智能化系统的组成（系统对象角度）

系统、周界防卫系统、火灾报警系统、消防系统、应急广播系统、应急照明系统和应急呼叫系统等。

2. 舒适性

为了保证舒适性，智能化建筑中通常包括空调通风系统、供热系统、给排水系统、电力供应系统、闭路电视系统、多媒体音像系统、智能卡系统、停车场管理系统和体育、娱乐管理系统等。

3. 便捷性

为了保证便捷性，智能化建筑中通常包括办公自动化系统、通信自动化系统、计算机网络系统、综合布线系统、商业服务系统和饮食业服务系统。

 1-3 物业电工的行业范围包括哪些？

物业电工是指在小区的物业管理公司里从事电工工种的工作人员。物业电工首先要了解物业管理的小区电气化系统的组成结构，并能及时修复小区内出现的电气线路故障。

物业管理的重要组成部分之一就是对物业电工职责方面的管理。从电灯、电话到家用电器的供电，从家庭防盗、电梯控制到周边防范，都离不开电气设备的应用及其管理。居民小区的电气管理系统主要包括以下几个方面：

（1）用电设备供电系统。

（2）电话通信系统。

（3）互联网通信系统。

（4）有线电视系统。

（5）楼宇对讲系统。

（6）闭路监控系统。

（7）周边防护系统。

（8）消防系统。

（9）广播扩声系统。

 1-4 物业电工的技能特点是什么？

物业电工要应用所掌握的知识、技术、技能来解决和处理电气设备安装、维修等各种问题。小区的供电关系着人身及电气设备的安全，因此，在进行检修操作时，一定要遵守安全操作规程，防止发生人身安全事故和设备安全事故。

物业管理公司所管理的小区分别在住宅楼、物业大楼、园区设置各种电气设备，从而构成了不同功能的电气化系统，物业电工必须充分了解这些电气化系统。物业电工应全面熟悉小区内的供电系统、供电设施、供电线路走向、电力分配等，并熟悉与电业局业务部门的联系通道和职责划分；熟悉与消防部门的联系通道；并具有电工的检测和维护技能，负责电梯运行、小区室外照明线路的检修、小区红外线设备的安装等工作。

 1-5 对物业电工有什么基本要求？

在物业管理工作中，做好电气系统管理和维护，保障电气设备安全运行是保障水、暖、通风、建筑照明、智能弱电控制、计算机系统等正常工作的条件，因此对物业电工有较高的要求。对物业电工的基本要求有以下内容：

（1）事业心、责任心强，工作认真负责，能做到全心全意为用户服务。

（2）身体健康、经医生鉴定无妨碍工作的病症。

（3）掌握有关的电气知识：

1）电力负荷的要求及各种用电设备负荷电流的估算方法。

2）常用电线和电缆的名称、规格、使用范围及简单选择方法。

3）架空线路和电缆线路的结构、敷设、主要技术要求及运行维护。

4）室内动力与照明配电的基本要求。

5）用户电气设备的结构、原理及选用知识。

6）变配电所的电气接线及其操作与运行。

7）变压器的工作原理及运行、维护与故障处理。

8）交直流电动机的工作原理及运行、维护与故障处理。

9）交直流电动机常用的起动和控制线路。

10）供电系统的继电保护、自动装置和防雷保护与接地技术。

11）会正确使用一般电工测量仪表。

12）熟悉电气原理图和施工图的识读。

（4）有熟练的运行操作与维修管理技能。

（5）根据《电力供应与使用条例》和《供电营业规则》规定：在用户受电装置上作业的电工，必须经电力管理部门考核合格，取得电力管理部门颁发的《电工进网作业许可证》，方可上岗作业。因此，物业电工必须经过电力管理部门专业技能培训、考核合格，取得电力管理部门颁发的《电工进网作业许可证》。

（6）熟悉《电业安全工作规程》和有关技术规程，了解分管设备的原理、结构、性能和电路，掌握其运行操作与维修管理方法。

（7）值班电工必须坚守岗位，集中思想监视好运行设备，做好巡视检查，做好运行维护。物业电工必须一丝不苟地做好设备检查，工作时要做好保证安全的组织措施和技术措施。

（8）能熟练掌握电气火灾的正确扑救法及触电紧急救护法。

 ## 1-6 什么是建筑电气工程图？它有什么特点？

建筑电气工程图是阐述电气工程的结构和功能，描述电气装置的工作原理，提供安装接线和维护使用信息的施工图。由于每一项电气工程的规模不同，所以反映该项工程的电气图种类和数量也不尽相同，通常一项工程的电气工程图由许多部分组成。

建筑电气工程图是建筑电气工程造价和安装施工的重要依据，建筑电气工程图既有建筑图、电气图的特点，又有一定的区别。建筑电气工程中最常用的图有系统图；位置简图，如施工平面图；电路图，如控制原理图等。建筑电气工程图的特点如下：

1. 突出电气内容

建筑电气工程图中既有建筑物，又有电气的相关内容。通常以电气为主，建筑为辅。建筑电气工程图大多采用统一的图形符号，并加注文字符号绘制。为使图中主次分明，电气图形符号常画成粗实线，并详细标注出文字符号及型号规格，而对建筑物则用细实线绘制，只画出与电气工程安装有关的轮廓线，标注出与电气工程安装有关的主要尺寸。

2. 绘图方法不同

建筑图必须用正投影法按一定比例画出，建筑电气工程图通常不考虑电气装置实物的形状及大小，而只考虑其位置，并用图形符号或装置轮廓表示和绘制。建筑电气工程图大多是采用统一的图形符号并加注文字符号绘制出来的，属于简图。任何电路都必须构成回路。电路应包括电源、用电设备、导线和开关控制设备四个组成部分。

3. 接线方式不同

一般电气接线图所表示的是电气设备端子之间的接线关系，建筑电气工程图中的电气接线图则主要表示电气设备的相互位置，其间的连接线一般只表示设备之间的相互连接，而不注明端子间的连接。电路的电气设备和元件都是通过导线连接起来的，导线可长可短，能够比较方便地跨越较远的距离。

建筑电气工程图不像机械工程图或建筑工程图那样集中、直观。有时电气设备安装位置在 A 处，而控制设备的信号装置、操作开关则可能在很远的 B 处，两者可能不在同一张图样上，需要对照阅读。

4. 连接使用不同

在表示连接关系时，一般电气接线图可采用连续线、中断线，也可以采用单线或多线表示；但在建筑电气工程的电气接线图中，只采用连续线，且一般都用单线表示，其导线实际根数按绘图规定方法注明。

5. 图间关系复杂

建筑电气工程施工是与主体工程及其他安装工程施工相互配合进行的，所以建筑电气工程图与建筑结构图及其他安装工程图不能发生冲突。例如，线路的走向与建筑结构的梁、柱、门、窗、楼板的位置及走向有关联，还与管道的规格、用途及走向等有关，尤其是对于一些暗敷的线路、各种电气预埋件及电气设备基础更与土建工程密切相关。

 ## 1-7 如何识读建筑安装平面图？

1. 户内变电所平面布置图的识读

（1）变电所在总平面图上的位置及其占地面积的几何形状及尺寸。

（2）电源进户回路个数、编号、电压等级、进线方位、进线方式及第一接线点的形式、进线电缆或导线的规格、型号、电缆头规格、型号等。

（3）变配电所的层数、开间布置及用途、楼板孔洞用途及几何尺寸。

（4）各层设备平面布置情况、开关柜、计量柜、控制柜、联络柜、避雷柜、信号盘、电源柜、操作柜、模拟盘、电容柜、变压器等规格、型号、台数、安装位置。

（5）首层电缆沟位置、引出线穿墙套管规格、型号、编号、安装位置、引出电缆的位置编号、母线结构型式及规格、型号、组数等。室内敷设管路的规格及导线、电缆的规格、型号、根数。

（6）接地极、接地网平面布置及其材料的规格、型号、数量、引入室内的位置及室内布置方式、对接地电阻的要求、与设备接地点连接要求、敷设要求。

（7）上述各条内容有无与设计规范不符、有无与土建、采暖、通风、给排水等专业冲突矛盾之处。

2. 变压器台平面布置图的识读

（1）变压器的容量及安装位置、电源电压等级、回路编号、进户方位、进线方式、第一接线点形式、进线规格、型号、电缆头规格、进线杆规格、悬式绝缘子规格、片数及进线横担规格。

（2）变压器安装方式（落地、杆上）、变压器基础面积、高度、围栏形式（墙、栏杆或网）高度及设置。

（3）跌开式熔断器和避雷器规格、型号、安装位置、横担构件支撑规格及要求、杆头金具布置形式。

（4）接地引线及接地板的布置、对接地电阻的要求。

（5）悬式绝缘子及针式绝缘子数量及规格、高低压母线规格及安装方式、电杆规格及数量。

（6）隔离开关规格、型号及安装方式、低压侧熔断器的规格、型号、低压侧总柜或总箱的位置、规格、结构型式以及低压出线方式、计量方式等。

 **1-8　如何识读动力电气工程图？**

阅读动力系统图（动力平面图）时，要注意并掌握以下内容：

（1）电动机位置、电动机容量、电压、台数及编号、控制柜箱的位置及规格、型号、从控制柜箱到电动机安装位置的管路、线槽、电缆沟的规格、型号及线缆规格、型号、根数和安装方式。

（2）电源进线位置、进线回路编号、电压等级、进线方式、第一接线点位置及引入方式、导线电缆及穿管的规格、型号。

（3）进线盘、柜、箱、开关、熔断器及导线规格、型号、计量方式。

（4）出线盘、柜、箱、开关、熔断器及导线规格、型号、回路个数、用途、编号及容量、穿管规格、起动柜或箱的规格、型号。

（5）电动机的起动方式，同时核对该系统动力平面图回路标号与系统图是否一致。

（6）接地母线、引线、接地极的规格、型号、数量、敷设方式、接地电阻要求。

（7）控制回路、检测回路的线缆规格、型号、数量及敷设方式，控制元件、检测元件规格、型号及安装位置。

（8）核对系统图与动力平面图的回路编号、用途、名称、容量及控制方式是否相同。

（9）建筑物为多层结构时，上下穿越的线缆敷设方式（管、槽、插接或封闭母线、竖井等）及其规格、型号、根数、相互联络方式。单层结构的不同标高下的上述各有关内容及平面布置图。

（10）具有仪表检测的动力电路应对照仪表平面布置图核对联锁回路、调节回路的元件及线缆的布置及安装敷设方式。

（11）有无自备发电设备或 UPS，其规格、型号、容量与系统连接方式及切换方式、切换开关及线路的规格、型号、计量方式及仪表。

（12）电容补偿装置等各类其他电气设备及管线的规格、型号及容量、切换方式及切换开关的规格、型号。

 1-9 如何识读照明电气工程图？

阅读照明系统图（照明平面图）时，要注意并掌握以下内容：

（1）进线回路编号、进线线制（三相五线、三相四线、单相两线制）、进线方式、导线电缆及穿管的规格、型号。

（2）电源进户位置、方式、线缆规格、型号、第一接线点位置及引入方式、总电源箱规格、型号及安装位置，总箱与各分箱的连接形式及线缆规格、型号。

（3）灯具、插座、开关的位置、规格、型号、数量、控制箱的安装位置及规格、型号、台数、从控制箱到灯具插座、开关安装位置的管路（包括线槽、槽板、明装线路等）的规格、走向及导线规格、型号、根数和安装方式，上述各元件的标高及安装方式和各户计量方法等。

（4）各回路开关熔断器及总开关熔断器的规格、型号、回路编号及相序分配、各回路容量及导线穿管规格、计量方式、电流互感器规格、型号，同时核对该系统照明平面图回路标号与系统图是否一致。

（5）建筑物为多层结构时，上下穿越的线缆敷设方式（管、槽、竖井等）及其规格、型号、根数、走向、连接方式（盒内、箱内等）。单层结构的不同标高下的上述各有关内容及平面布置图。

（6）系统采用的接地保护方式及要求。

（7）采用明装线路时，其导线或电缆的规格、绝缘子规格、型号、钢索规格、型号、支柱塔架结构、电源引入及安装方式、控制方式及对应设备开关元件的规格、型号等。

（8）箱、盘、柜有无漏电保护装置，其规格、型号、保护级别及范围。

（9）各类机房照明、应急照明装置等其他特殊照明装置的安装要求及布线要求、控制方式等。

（10）土建工程的层高、墙厚、抹灰厚度、开关布置、梁、窗、柱、梯、井、厅的结构尺寸、装饰结构形式及其要求等土建资料。

1-10 如何识读消防安全系统电气图？

阅读消防安全系统图时，要注意并掌握以下内容：

（1）由于现代高级消防安全系统都采用微机控制，所以消防安全微机控制系统与其他微机控制系统的工作过程一样，将火灾探测器接入微机的检测通道的输入接口端，微机按用户程序对检测量进行处理，当检测到危险或着火信号时，就给显示通道和控制通道发出信号，使其显示火灾区域，启动声光报警装置和自动灭火装置。因此，看这种图时，要抓住微机控制系统的基本环节。

（2）阅读消防安全系统成套电气图，首先必须读懂安全系统组成系统图或框图。

（3）由于消防安全系统的电气部分广泛使用了电子元件、装置和线路，因此将安全系统电气图归类于弱电电气工程图，对于其中的强电部分则可分别归类于电力电气图和电气控制图，阅读时可以分类进行。

 1-11　如何识读火灾自动报警及自动消防平面图？

阅读火灾自动报警及自动消防平面图时，要注意并掌握以下内容：

（1）先看机房平面布置及机房（消防中心）位置。了解集中报警控制柜、电源柜及 UPS 柜、火灾报警柜、消防控制柜、消防通信总机、火灾事故广播系统柜、信号盘、操作柜等机柜在室内安装排列位置、台数、规格、型号、安装要求及方式，交流电源引入方式、相数及其线缆规格、型号、敷设方法、各类信号线、负荷线、控制线的引出方式、根数、线缆规格、型号、敷设方法、电缆沟、桥架及竖井位置、线缆敷设要求。

（2）再看火灾报警及消防区域的划分。了解区域报警器、探测器、手动报警按钮安装位置、标高、安装方式，引入引出线缆规格、型号、根数及敷设方式、管路及线槽安装方式及要求、走向。

（3）然后看消防系统中喷洒头、水流报警阀、卤代烷喷头、二氧化碳等喷头安装位置、标高、房号、管路布置走向及电气管线布置走向、导线根数、卤代烷及二氧化碳等储罐或管路安装位置、标高、房号等。

（4）最后看防火阀、送风机、排风机、排烟机、消防泵及设施、消火栓等设施安装位置、标高、安装方式及管线布置走向、导线规格、根数、台数、控制方式。

（5）了解疏散指示灯、防火门、防火卷帘、消防电梯安装位置、标高、安装方式及管线布置走向、导线规格、根数、台数及控制方式。

（6）核对系统图与平面图的回路编号、用途名称、房号、管线槽井是否相同。

1-12 如何识读防盗报警系统电气图？

阅读防盗报警平面图时，应注意并掌握以下内容：

（1）机房平面布置及机房（保安中心）位置、监视器、电源柜及 UPS 柜、模拟信号盘、通信总柜、操作柜等机柜室内安装排列位置、台数、规格、型号、安装要求及方式，交流电源引入方式、相数及其线缆规格、型号、敷设方法、各类信号线、控制线的引入引出方式、根数、线缆规格、型号、敷设方法、电缆沟、桥架及竖井位置、线缆敷设要求。

（2）各监控点摄像头或探测器、手动报警按钮的安装位置、标高、安装及隐蔽方式、线缆规格、型号、根数、敷设方法要求，管路或线槽安装方式及走向。

（3）电门锁系统中控制盘、摄像头、电门锁安装位置、标高、安装方式及要求，管线敷设方法及要求、走向，终端监视器及电话安装位置方法。

（4）对照系统图核对回路编号、数量、元件编号。

1-13 如何识读有线电视系统图？

阅读有线电视系统平面布置图时，应注意并掌握以下有关内容：

（1）机房位置及平面布置、前端设备规格、型号、台数、电源柜和操作台规格、型号、安装位置及要求。

（2）交流电源进户方式、要求、线缆规格、型号，天线引入位置及方式、天线数量。

（3）信号引出回路数、线缆规格、型号、电缆敷设方式及要求、走向。

（4）各房间电视插座安装位置、标高、安装方式、规格、型号、数量、线缆规格、型号及走向、敷设方式；多层结构时，上下穿越电缆敷设方式及线缆规格、型号；有无中间放大器，其规格、型号、数量、安装方式及电源位置等。

（5）有自办节目时，机房、演播厅平面布置及其摄像设备的规格、型号、电缆及电源位置等。

（6）屋顶天线布置、天线规格、型号、数量、安装方式、信号电缆引下及引入方式、引入位置、电缆规格、型号，天线安装要求（方向、仰角、电平等）。

1-14　如何识读通信、广播系统图？

阅读电话通信、广播音响平面图时，应注意并掌握以下有关内容：

（1）机房位置及平面布置、总机柜、配线架、电源柜、操作台的规格、型号及安装位置要求，交流电源进户方式、要求、线缆规格、型号，天线引入位置及方式。

（2）市局外线对数、引入方式、敷设要求、规格、型号，内部电话引出线对数、引出方式（管、槽、桥架、竖井等）、规格、型号、线缆走向。

（3）广播线路引出对数、引出方式及线缆的规格、型号、线缆走向、敷设方式及要求。

（4）各房间话机插座、音箱及元器件安装位置、标高、安装方式、规格、型号及数量、线缆管路规格、型号及走向，多层结构时，上下穿越线缆敷设方式、规格、型号、根数、走向、连接方式。

（5）核对系统图与平面图的信号回路编号、用途名称等。

物业小区供配电

❓ 2-1 物业小区供电系统有什么特点？

为了使电气设备繁多、电气化系统庞杂的小区能够稳定、有序地工作，可以将小区供电系统分为强电系统和弱电系统两大类。

强电系统就是在小区中由强电电源、强电变配电设备、强电用电设备及强电输电线路构成的电气设备网络。小区强电系统是指由强电构成的小区室外照明系统、楼宇照明系统、应急照明系统、电梯用电、家用电器用电系统等，只要是 220/380V 供电，都属于强电系统。

弱电系统则是由低于 36V 的电源、电子器件、接线器件及通过弱电输送网络送来的各种信号线路所构成的电气设备网络。

1. 小区强电系统的特点

强电是能够对人体造成伤害的电源。其特点是电压高、电流大、功率大及频率低，所以，在应用时应主要考虑安全问题。虽然强电带有危害性，但是只要安全使用，会为人们的生活带来极大的方便。如今人们生活已经离不开强电的应用了，除了家用电器需要强电以外，小区中也有许多设备需要强电的供应，如小区室外照明设施、楼宇电梯设施、各种系统的主要电气设备的供电等。

2. 小区弱电系统的特点

弱电是不会对人体造成伤害的电源，其特点是电压低、电流小、功率小及频率高，应用时主要考虑信号的传送效果。小区的各个系统中弱电的应用非常广泛，如电话系统、网络系统、有线电视系统、楼宇对讲系统、闭路监控系统、周边防越系统、消防系统和广播扩声系统等。

2-2　中性线在低压配电系统中有什么作用？

在低压配电系统中，单相负载一般按均衡分配的原则接在三相电源上。例如，图2-1所示的三层楼房的照明用电就分层接在L1、L2、L3三相上，中性线是它们的公共回路。这些分散的单相负载构成了星形联结的三相不对称负载。但由于中性线与电源（变压器）中性点相连，所以仍能保证各相负载的端电压等于三相对称电源的相电压（220V），使负载正常工作。如果中性线断开，虽然三相线电压仍然对称，三相电气设备（如三相电动机等）能正常工作，但三相相电压却不再对称，有的相电压将低于220V，有的相电压将高于220V，这种情况可能造成大量单相负载（如电灯、家用电器等）不能正常工作，甚至被烧毁。

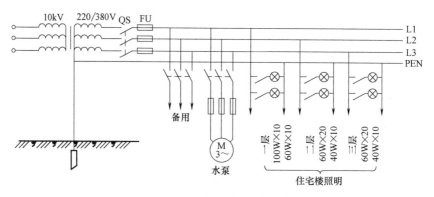

图 2-1　三相四线制供电系统的负载

由上述分析可见，三相四线制供电系统的中性线在任何情况下都不能断开。因此，中性线上不允许安装熔断器，也不能用开关控制，而且必须保证中性线牢固可靠，一般还要将中性线多点接地（即重复接地）。

在三相四线制配电系统中，大多为低压配电系统。其用电设备除电动机、电炉等三相负载外，还有大量单相负载（如照明、家用电器等）。由于各种用电设备的使用条件的差异，实际上很难保证三相负载完全平衡。因此，不能采用三相三线制供电。也就是说，三相电路的不平衡是不可避免的，应当采用三相四线制的配电方式。

中性线的作用是使负载每相所承受的电压即为电源每相的电压，也就是确保不对称负荷的相电压对称。因为如果负荷不对称，中性线又因故断开，就会出现零点漂移，使得某一相负荷的相电压降低。严重时就会出现有的单相负荷不能正常工作，甚至烧毁。因此在三相四线制系统中，应采取提高机械强度等措施，防止中性线断开。所以，在一般情况下，虽然中性线电流比相线电流小，截面积应当比相线的小一些，但为了安全起见，一般中性线的截面积应与相线相同。同时还规定，在中性线上一般不允许安装熔断器。

 2-3　物业小区保证为重要负荷供电的措施有哪些？

为了提高物业小区的供电可靠性，特别是保证重要负荷的供电，一般采取以下措施：

（1）双电源供电。在具备电源条件的地方，变电所一般均采用双电源进线供电的方式。

在规模较小或不具备双电源条件的地方，也可采用所谓的"高供低备"的供电方式，如图 2-2 所示。即以一路 10kV 高压电源作为电源，另外用 380/220V 低压电源（如用柴油发电机组）作为备用电源。

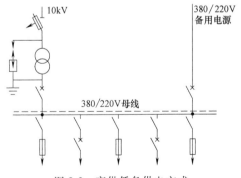

图 2-2　高供低备供电方式

（2）用电负荷分组配电。根据负荷分类及对供电可靠性的不同要求，采用分组配电的供电方式。即把重要负荷单独分出，在配电室集中由一段母线供电，备用电源仅对此段母线提供临时供电。这样可减小备用电源的容量，节省投资，并可提高备用回路的可靠性。

2-4　小区变电所运行与维护的主要工作内容是什么？

（1）对变电所内电气设备的运行情况、技术状态进行定期巡视检查，按照规定抄报各种运行数据，发现不正常现象及时处理并做好记录。

（2）按照调度命令，正确地执行停送电或倒闸操作，并做好记录。

（3）及时、正确地处理各类紧急事故，并做好有关记录上报。

（4）保管好变电所及供配电系统的各类资料、图表；保管好变电所的工具、仪表、消防器材及备用电气设备，并使它们处于良好的技术状态。

（5）根据运行记录资料或绘制的负荷曲线，定期进行负荷分析，掌握供配电系统运行情况及负荷变动规律，为调整配电系统运行方式，制定电气整改规划提供依据。

2-5　小区配电所值班电工的工作职责是什么？

（1）负责高压、低压、配电系统变压器、发电机房的设备、器具、工具的管理维护、保养工作，确保供电系统安全运行。

（2）熟知本配电所的设备、结构、性质、供电系统、供电方式、产权划分及维护工作范围，掌握有关运行操作规程。

（3）在运行操作中认真执行《电气安全工作规程》中的各项条款。

（4）认真做好巡视和检查工作，发现异常情况要及时向物业公司有关领导和负责人汇报，并做好记录。如本班出现设备故障，危及设备及人身安全，要进行停电处理，事后要及时上报给领导或负责人，并做好记录。

（5）认真填写本班各种表格、报表、记录，根据有关规定填写工作日志，并及时上报给有关单位。同时，做好交接班工作，认真填写交接班簿，交接人员必须签名。

（6）认真执行工作票、操作票等制度，值班电工要严格按照工作票、操作票的要求进行工作。

（7）夜班值班要做好应急维修的准备，以确保配电设备正常运行。

（8）做好当班维护地段的卫生和设备卫生。

（9）负责配送电，严格管理，节约用电，杜绝浪费。

（10）完成领导交办的其他临时性工作。

2-6　小区配电所值班电工典型操作的一般原则有哪些？

我们把小区配电所值班电工经常进行的具有代表性的操作称为典型操作。小区配电所值班电工典型操作的一般原则如下：

（1）操作隔离开关时，断路器必须在断开位置。核对编号无误后才可以操作。

（2）设备送电前，继电保护或自动跳闸机构必须投入，不能自动跳闸的断路器不准送电。

（3）电动操作的断路器不允许就地强制手动合闸。不允许解除机械闭锁，手动分断断路器。

（4）操作分相隔离开关（跌落式熔断器）时，拉闸时先拉中相，后拉两边相；合闸时则相反。

（5）断路器分闸、合闸后，应立即检查有关信号和测量仪表的指示情况，确认实际分合位置。

2-7　什么是倒闸操作？

倒闸操作是变配电所值班人员及电气调度人员常用的术语，它的意思是通过操作隔离开关、断路器以及挂、拆接地线将电气设备从一种状态转换为另一种状态或使系统改变了运行方式。这种操作就叫倒闸操作。

对现场各种开关（断路器及隔离开关），根据预定的运行方式，进行合闸或分闸的操作称为倒闸操作。这是变配电所值班人员的一项经常性的重要工作，必须认真仔细，稍有疏忽或差错，将造成严重事故，带来难以挽回的损失。

2-8 倒闸操作现场应具备什么条件？

倒闸操作现场应具备以下几个条件：

（1）所有电气一次、二次设备必须标明编号和名称、字迹清楚、醒目，设备有传动方向指示、切换指示，以及区别相位的颜色。

（2）设备应达到防误要求，如不能达到，需经上级部门批准。

（3）控制室内要有和实际电路相符的电气一次模拟图及二次回路的原理图和展开图。

（4）要有合格的操作工具、安全用具和设施等。

（5）要有统一的、确切的调度术语、操作术语。

（6）值班人员必须经过安全教育、技术培训，熟悉业务和有关规章、规程、规范、制度，经评议、考试合格、主管领导批准、公布值班资格（正、副值）名单后方可承担一般操作和复杂操作，接受调度命令，进行实际操作或监护工作。

2-9 倒闸操作的顺序应遵守哪些规定？

倒闸操作的顺序应遵守以下规定：

（1）隔离开关与断路器串联使用时：合闸时，先合隔离开关，后合断路器；拉闸时，顺序与合闸时相反。这是为了防止隔离开关带负荷操作。

（2）断路器两侧皆串联有隔离开关时：合闸时，先合电源侧的隔离开关，后合负荷侧的隔离开关；拉闸时，顺序与合闸时相反。这是为了防止断路器因故未断开时，操作隔离开关引起事故扩大。

（3）单极隔离开关及跌开式熔断器：合闸时，先合两个边相，后合中相；拉闸时，顺序与合闸时相反。这是为了防止相间弧光短路。

（4）变压器两侧都有断路器时：合闸时，先合高压侧断路器，再合低压侧断路器；拉闸时，顺序与合闸时相反。这是为了防止越级送电和停电。

（5）操作中要防止通过变压器、电压互感器返送电源。

2-10 进行倒闸操作时应该注意什么？

进行倒闸操作应该注意以下几点：

（1）倒闸操作前应先在模拟图板上进行核对性模拟预演，无误后，再实地进行设备操作。

（2）操作中应认真执行监护复诵制度。发布操作命令和复诵操作命令都应严肃认真，声音洪亮清晰。

（3）按操作票填写的顺序操作，每完成一项，检查无误后在操作票该项前打"√"，全部完成后还应复查。

（4）倒闸操作一般由两人进行，其中由对设备较为熟悉的一人进行监护。操作中发现疑问时，应立即停止操作，并向发令人报告，弄清问题后再进行操作。不得擅自更改操作票。

（5）操作中应使用合格的安全用具，如绝缘棒、验电笔、绝缘手套、绝缘靴等。雷电时，禁止进行户外电气设备的倒闸操作。高峰负荷时要避免倒闸操作。

（6）发生人身触电事故时，可不经许可即行断开所有设备电源，但事后必须立即报告上级。其他事故处理，如拉合断路器的单一操作及拉开接地开关等，可不用操作票，但应记入操作记录本内。

2-11 变电所送电时应如何进行操作？

变电所送电时，一般应从电源侧的开关合起，依次合到负荷侧的各开关。按这种顺序操作，可使开关的合闸电流减至最小。比较安全，且万一某部分存在故障，该部分一合闸就会出现异常情况，故障容易被发现。送电时的操作顺序为先合上母线侧隔离开关或刀开关，再合上线路侧隔离开关或刀开关，最后合上高低压断路器。

如果变电所是在事故停电以后恢复送电，则操作步骤与所装设的开关类型和方式有关。

（1）假如变电所高压侧装设的是高压断路器，则高压母线发生短路故障时，高压断路器自动跳闸。在消除故障后，可直接合上高压断路器，恢复送电。

（2）假如变电所高压侧装设的是负荷开关，则在消除故障、更换熔断器熔管后，合上负荷开关，恢复送电。

（3）假如变电所装设的是高压隔离开关加熔断器或跌落式熔断器（非负荷型），则在消除故障、更换熔断器熔管后，应先将变电所低压主开关断开，然后才能闭合高压隔离开关或跌落式熔断器，最后再合上低压主开关或所有出线开关，恢复送电。

如果变电所在运行过程中电源进线突然停电，这时总开关不必拉开，但出线开关应全部拉开，以免突然来电时各用电设备同时启动，造成过负荷和电压骤降，影响供电系统正常运行。当电网恢复供电后，再依次合上各路出线开关，恢复供电。

如果变电所厂内出线发生故障使开关跳闸时，若开关的断流容量允许，可以试合一次，争取尽快恢复供电。多数情况故障是暂时性的，可试合成功。如果试合失败即开关再次跳闸，则应对故障线路进行隔离检修。

 2-12 变电所停电时应如何进行操作？

变电所停电时，一般应从负荷侧的开关拉起，依次拉到电源侧的开关。按这个顺序操作，可使开关分断电流减至最小，比较安全。若高压主开关是高压断路器或负荷开关，紧急情况下也可直接拉开高压断路器或负荷开关以实现最快速度切断电源。停电操作顺序为先断开高低压断路器，再断开线路侧隔离开关或刀开关，最后断开母线侧隔离开关或刀开关。

线路或设备停电以后，为了检修人员的安全，应在主开关的操作手柄上悬挂"有人工作，禁止合闸"的标示牌，并在电源侧（如可能两侧来电时，应在其两侧）安装临时接地线。安装接地线时，应先接接地端，后接线路端，而拆除地线时，顺序恰好相反。

 2-13 处理小区配电所事故有哪些有关规定？

小区配电所发生事故时，现场人员一定要沉着、冷静，不要慌乱，更不要匆忙或未经慎重考虑即行处理。要认真观察，要全面考虑，要正确、迅速、果断地处理。

（1）尽快限制事故发展，消除事故的根源，并及时解除事故对人身和设备的威胁。

（2）用一切可能的办法使正常设备继续运行，对重要设备或停电后危及人身安全的设备力保不停电，对已停电的设备应迅速恢复供电。

（3）进行倒闸操作，改变运行方式，使供电恢复正常，并要优先恢复重要设备和场所的供电。

（4）为避免配电所无统一指挥造成混乱，现场人员必须主动向物业公司领导等汇报事故处理中的每一个环节，及时听取指示。

（5）在处理事故过程中，值班人员应有明确分工，有领导、有指挥地进行。要将事故发生和处理过程，详细地进行记录。

（6）交接班时发生事故，应由交班人员负责处理，接班人员全力协助，待恢复正常后交接班。如一时不能恢复，则经领导同意后方可交接班。

2-14 小区配电所线路事故应如何处理？

线路事故的处理方法如下：

（1）线路跳闸，运行人员应立即把详细情况查明，报告上级调度和运行负责人，包括断路器是否重合、线路是否有电压、是否有动作的继电保护及自动装置等。

（2）详细检查配电所有关线路的一次设备有无明显的故障迹象。

（3）如果断路器三相跳闸后，线路仍有电压，则要注意防止长线路引起的末端电压升高，必要时申请调度断开对侧断路器。

（4）两端跳闸重合不成功的试送电操作，应按照调度员的命令执行。试送时，应停用重合闸。

2-15 小区配电所变压器事故应如何处理？

变压器事故的处理方法如下：

（1）变压器跳闸后若引起其他变压器超负荷时，应尽快投入备用变压器或在规定时间内降低负荷。

（2）根据继电保护的动作情况及外部现象判断故障原因，在未查明事故原因并消除故障之前，不得送电。

（3）当发现变压器运行状态异常，例如，内部有爆裂声、温度不正常且不断上升、储油柜或防爆管喷油、油位严重下降、油化验严重超标、套管有严重破损和放电现象等时，应申请停电进行处理。

 2-16 小区配电所电气误操作事故应如何处理？

电气误操作事故的处理方法如下：

（1）万一发生了错误操作，必须保持冷静，尽快抢救人员和恢复设备的正常运行。

（2）错误合上的断路器，应立即将其断开；错误断开的断路器，应按实际情况重新合上或按调度命令合上。

（3）带负荷误合隔离开关，严禁重新拉开，必须先断开与此隔离开关直接相连的断路器；带负荷误拉隔离开关，在相连的断路器断开前，不得重新合上。

（4）误合接地开关，应立即重新拉开。

 2-17 油浸式电力变压器由哪几部分组成？

目前，油浸式电力变压器的产量最大，应用面最广。油浸式电力变压器的结构如图 2-3 所示。其主要由下列部分组成：

$$
变压器
\begin{cases}
器身
\begin{cases}
铁心 \\
绕组 \\
引线和绝缘
\end{cases} \\[2ex]
油箱
\begin{cases}
油箱本体（箱盖、箱壁和箱底或上、下节油箱）\\
油箱附件
\begin{cases}
（放油阀门、活门、小车、油样活门、\\
接地螺栓、铭牌等）
\end{cases}
\end{cases} \\[2ex]
调压装置：无励磁分接开关或有载分接开关 \\
冷却装置：散热器或冷却器 \\
保护装置
\begin{cases}
储油柜、油位计、安全气道、释放阀、\\
吸湿器、测温元件、净油器、气体继电器等
\end{cases} \\
出线装置：高、中、低压套管，电缆出线等
\end{cases}
$$

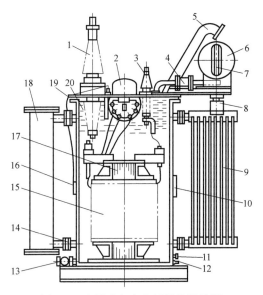

图 2-3 油浸式电力变压器的结构图

1—高压套管 2—分接开关 3—低压套管 4—气体继电器 5—安全气道
（防爆管或释压阀） 6—储油柜 7—油位计 8—吸湿器 9—散热器
10—铭牌 11—接地螺栓 12—油样活门 13—放油阀门 14-活门
15—绕组 16—信号温度计 17—铁心 18—净油器
19—油箱 20-变压器油

 2-18 变压器投入运行前应进行哪些检查？

新装或检修后的变压器，投入运行前应进行全面检查，确认符合
运行条件时，方可投入试运行。

（1）检查变压器的铭牌与所要求选择的变压器规格是否相符。例
如，各侧电压等级、联结组标号、容量、运行方式和冷却条件等是否
与实际要求相符。

（2）检查变压器的试验合格证是否在有效期内。

（3）检查储油柜上的油位计是否完好，油位是否在与当时环境温
度相符的油位线上，油色是否正常。

（4）检查变压器本体、冷却装置和所有附件及油箱各部分有无缺
陷、渗油、漏油情况。

（5）检查套管是否清洁、完整、有无破裂、裂纹，有无放电痕迹及其他异常现象，检查导电杆有无松动、渗漏现象。

（6）检查温度计指示是否正常，温度计毛细管有无弯曲、压扁、裂开等现象。

（7）检查变压器顶上有无遗留杂物。

（8）检查吸湿器是否完好，呼吸应畅通、硅胶应干燥。

（9）检查安全气道及其保护膜是否完好。

（10）检查变压器高、低压两侧出线管以及引线、母线的连接是否良好，三相的颜色标记是否正确无误，引线与外壳及电杆的距离是否符合要求。

（11）气体继电器内应无残存气体，其与储油柜之间连接的阀门应打开。

（12）检查变压器的报警、继电保护和避雷等保护装置工作是否正常。

（13）检查变压器各部位的阀门位置是否正确。

（14）检查分接开关位置是否正确，有载调压切换装置的远方操作机构动作是否可靠。

（15）检查变压器外壳接地是否牢固可靠，接地电阻是否符合要求。

（16）检查变压器的安装是否牢固，所有螺栓是否紧固。

（17）对于油浸风冷式变压器，应检查风扇电动机转向是否正确，电动机是否正常。经过一定时间的试运转，电动机有无过热现象。

（18）对于采用跌落式熔断器保护的，应检查熔丝是否合适，有无接触不良现象。

（19）对于采用断路器和继电器保护的，要对继电保护装置进行检查和核实，保护装置动作整定值要符合规定；操作和联动机构动作要灵活、正确。

（20）对大、中型变压器要检查有无消防设施，如1211灭火器、黄沙箱等。

 2-19 变压器运行中如何监视与检查？

对运行中的变压器应经常进行仪表监视和外部检查，以便及时发现异常现象或故障，避免发生严重事故。

（1）检查变压器的声响是否正常，是否有不均匀的响声或放电声等。均匀的"嗡嗡"声为正常声音。

（2）检查变压器的油位是否正常，有无渗、漏油现象。

（3）检查变压器的油温是否正常。变压器正常运行时，上层油温一般不应超过 85℃，另外用手抚摸各散热器，其温度应无明显差别。

（4）检查变压器的套管是否清洁，有无裂纹、破损和放电痕迹。

（5）检查各引线接头有无松动和过热现象（用示温蜡片检查）。

（6）检查安全气道有无破损或喷油痕迹，防爆膜是否完好。

（7）检查气体继电器是否漏油，其内部是否充满油。

（8）检查吸湿器有无堵塞现象，吸湿器内的干燥剂（吸湿剂）是否变色。如硅胶（带有指示剂）由蓝色变成粉红色，则表明硅胶已失效，需及时处理与更换。

（9）检查冷却系统是否运行正常。对于风冷油浸式变压器，检查风扇是否正常，有无过热现象；对于强迫油循环水冷却的变压器，检查油泵运行是否正常、油的压力和流量是否正常，冷却水压力是否低于油压力，冷却水进口温度是否过高。对于室内安装的变压器，检查通风是否良好等。

（10）检查变压器外壳接地是否良好，接地线有无破损现象。

（11）检查各种阀门是否按工作需要，应打开的都已打开，应关闭的都已关闭。

（12）检查变压器周围有无危及安全的杂物。

（13）当变压器在特殊条件下运行时，应增加检查次数，对其进行特殊巡视检查。

2-20　在什么情况下应对变压器进行特殊巡视检查？

当变压器过负载或供电系统发生短路事故，以及遇到特殊的天气时，应对变压器及其附属设备进行特殊巡视检查。

（1）在变压器过负载运行的情况下，应密切监视负载、油温、油位等的变化情况；注意观察接头有无过热、示温蜡片有无熔化现象。应保证冷却系统运行正常，变压器室通风良好。

（2）当供电系统发生短路故障时，应立即检查变压器及油断路器等有关设备，检查有无焦臭味、冒烟、喷油、烧损、爆裂和变形等现象，检查各接头有无异常。

（3）在大风天气时，应检查变压器引线和周围线路有无摆动过近引起闪弧现象，以及有无杂物搭挂。

（4）在雷雨或大雾天气时，应检查套管和绝缘子有无放电闪络现象，变压器有无异常声响，以及避雷器的放电记录器的动作情况。

（5）在下雪天气时，应根据积雪融化情况检查接头发热部位，并及时处理积雪和冰凌。

（6）在气温异常时，应检查变压器油温和是否有过负载现象。

（7）在气体继电器发生报警信号后，应仔细检查变压器的外部情况。

（8）在发生地震后，应检查变压器及各部分构架基础是否出现沉陷、断裂、变形等情况；有无威胁安全运行的其他不良因素。

？2-21　切换分接开关的注意事项是什么？

如果电源电压高于变压器额定电压，则对变压器本身及其负载都会产生不良后果。通常，变压器在额定电压下运行时，铁心中的磁通密度已接近饱和状态。如果电源电压高于额定电压，则励磁电流将急剧增大，功率因数随之降低。此外，电压过高还可能烧坏变压器的绕组。当电源电压超过额定电压的105%时，变压器绕组中感应电动势的波形就会发生较大的畸变，其中含有较多的高次谐波分量，会使感应电动势最大值增高，从而损坏绕组绝缘。

另一方面，电源电压过高，变压器的输出电压也会相应增高，这不但会导致用电设备过电压，而且还将降低用电设备的寿命，严重时甚至击穿绝缘，烧坏设备。

因此，为了保证变压器和用电设备安全运行，规定变压器的输入电压，即电源电压不得高于变压器额定电压的105%。

用户对电源电压的要求，总是希望能稳定一些，以免对用电设备产生不良影响。而电力系统的电压是随运行方式和负载的增减而变动的。因此，通常在变压器上安装分接开关，以便根据系统电压的变动进行适当调整，从而使送到用电设备上的电压保持相对稳定。

普通变压器通常采用无励磁调压。切换分接开关时，应首先将变压器从高、低压电网中退出运行，然后进行切换操作。由于分接开关的接触部分在运行中可能烧蚀，或者长期浸入油中产生氧化膜造成接触不良，所以在切换之后还应测量各相的电阻。对大型变压器尤其应做好这项测量工作。

装有有载调压装置的变压器，无需退出运行就可以进行切换，但也要定期进行检查。

2-22 补充变压器油的注意事项是什么？

如果变压器缺油，可能产生以下后果：

（1）油面下降到油位计监视线以下，可能造成气体保护装置误动作，并且也无法对油位和油色进行监视。

（2）油面下降到变压器顶盖之下，将增大油与空气的接触面积，使油极易吸收水分和氧化，从而加速油的劣化。潮气进入油中，会降低绕组的绝缘强度，使铁心和其他零部件生锈。

（3）因渗漏而导致严重缺油时，变压器的导电部分对地和相互间的绝缘强度将大大降低，遭受过电压时极易击穿。

（4）变压器油不能浸没分接开关时，分接头之间会泄漏放电而造成高压绕组短路。

（5）油面低于散热管的上管口时，油就不能循环对流，使变压器温升剧增，甚至烧坏变压器。

如果变压器出现缺油现象，通常可采取以下措施：

（1）如因天气突变、温度下降造成缺油，可关闭散热器并及时补充油。

（2）若大量渗、漏油，可根据具体情况，按规程采取相应的补油措施。

在变压器运行中，如果需要补充油，应注意以下几点：

（1）防止混油，新补入的油应经试验合格。

（2）补油前应将气体保护装置改接信号位，以防止误动掉闸。

（3）补油后要检查气体继电器，及时放出气体，运行 24h 后如果无异常现象，再将其接入跳闸位置。

（4）补油量不得过多或不足，油位应与变压器当时的油温相适应。

（5）禁止从变压器下部阀门补油，以防止将变压器底部的沉淀物冲入绕组内而影响绝缘和散热。

 2-23 变压器常见故障有哪些？应怎样处理？

变压器运行中常见的异常现象及其处理方法见表2-1。

表2-1 变压器常见的异常现象及其处理方法

异常现象	可能原因	处理方法
变压器发出异常声响	1. 变压器过负载，发出的声响比平常沉重 2. 电源电压过高，发出的声响比平常尖锐 3. 变压器内部振动加剧或结构松动，发出的声响大而嘈杂 4. 绕组或铁心绝缘有击穿现象，发出的声响大且不均匀或有爆裂声 5. 套管太脏或有裂纹，发出"滋滋"声且套管表面有闪络现象	1. 减少负载 2. 按操作规程降低电源电压 3. 减少负载或停电修理 4. 停电修理 5. 停电清洁套管或更换套管
油温过高	1. 变压器过负载 2. 三相负载不平衡 3. 变压器散热不良	1. 减少负载 2. 调整三相负载的分配，使其平衡；对于Yyn联结的变压器，其中性线电流不得超过低压绕组额定电流的25% 3. 检查并改善冷却系统的散热情况
油面高度不正常	1. 油温过高，油面上升 2. 变压器漏油、渗油，油面下降（注意与天气变冷而油面下降的区别）	1. 见以上"油温过高"的处理方法 2. 停电修理
变压器油变黑	变压器绕组绝缘击穿	修理变压器绕组
低压熔丝熔断	1. 变压器过负载 2. 低压线路短路 3. 用电设备绝缘损坏，造成短路 4. 熔丝的容量选择不当，熔丝本身质量不好或熔丝安装不当	1. 减少负载，更换熔丝 2. 排除短路故障，更换熔丝 3. 修理用电设备，更换熔丝 4. 更换熔丝，按规定安装

（续）

异常现象	可能原因	处理方法
高压熔丝熔断	1. 变压器绝缘击穿 2. 低压设备绝缘损坏造成短路,但低压熔丝未熔断 3. 熔丝的容量选择不当、熔丝本身质量不好或熔丝安装不当 4. 遭受雷击	1. 修理变压器,更换熔丝 2. 修理低压设备,更换高压熔丝 3. 更换熔丝,按规定安装 4. 更换熔丝
防爆管薄膜破裂	1. 变压器内部发生故障(如绕组相间短路等),产生大量气体,压力增加,致使防爆管薄膜破裂 2. 由于外力作用而造成薄膜破裂	1. 停电修理变压器,更换防爆管薄膜 2. 更换防爆管薄膜
气体继电器动作	1. 变压器绕组匝间短路、相间短路、绕组断线、对地绝缘击穿等 2. 分接开关触头表面熔化或灼伤;分接开关触头放电或各分接头放电	1. 停电修理变压器绕组 2. 停电修理分接开关

 2-24　架空线路竣工时应检查哪些内容?

（1）电杆有无损伤、裂纹、弯曲和变形。

（2）横担是否水平,角度是否符合要求。

（3）导线是否牢固地绑在绝缘子上,导线对地面或其他交叉跨越设施的距离是否符合要求,弧垂是否合适。

（4）转角杆、分支杆、耐张杆等的跳线是否绑好,与导线、拉线的距离是否符合要求。

（5）拉线是否符合要求。

（6）螺母是否拧紧,电杆、横担上有无遗留的工具。

（7）测量线路的绝缘电阻是否符合要求。

 2-25　架空线路应巡视检查哪些内容?

（1）检查电杆有无倾斜、变形或损坏,察看电杆基础是否完好。

（2）检查拉线有无松弛、破损现象，拉线金具及拉线桩是否完好。

（3）检查线路是否与树枝或其他物体相接触，导线上是否悬挂有树枝、风筝等杂物。

（4）检查导线的接头是否完好，有无过热发红、氧化或断脱现象。

（5）检查绝缘子有无破损、放电或严重污染等现象。

（6）沿线路的地面有无易燃、易爆或强腐蚀性物体堆放。

（7）沿线路附近有无可能影响线路安全运行的危险建筑物或新建的违章建筑物。

（8）检查接地装置是否完好，特别是雷雨季节前应对避雷器的接地装置进行重点检查。

（9）检查是否有其他危及线路安全的异常情况。

 2-26 架空线路巡视检查时应注意什么？

（1）巡视过程中，无论线路是否停电，均应视为带电，巡线时应走上风侧。

（2）单人巡线时，不可做登杆工作，以防无人监护而造成触电。

（3）巡线中发现线路断线，应设法防止他人靠近，在断线周围8m以内不准进入。应找专人看守，并设法迅速处理。

（4）夜间巡视时，应准备照明用具，巡线员应在线路两侧行走，以防断线或倒杆危及人身安全。

（5）对于检查中发现的问题，应在专用的运行维护记录中做好记载。

（6）对能当场处理的问题应当即进行处理，对重大的异常现象应及时报告主管部门迅速处理。

 2-27 架空线路的日常维修内容有哪些？

（1）修剪或砍伐影响线路安全运行的树木。

（2）对基础下沉的电杆和拉线填土夯实。

（3）整修松弛的拉线，加封花篮螺钉和 UT 型线夹。

（4）更换有裂纹和破损的绝缘子。

（5）修补断股和烧伤的导线。

（6）装拆和整修场院或田头的临时用电设备。

2-28　室内配电线路应满足哪些技术要求？

室内配线不仅要求安全可靠，而且要使线路布置合理、整齐美观、安装牢固。其一般技术要求如下：

（1）导线的额定电压应不小于线路的工作电压；导线的绝缘应符合线路的安装方式和敷设的环境条件。导线的截面积应能满足电气性能和力学性能要求。

（2）配线时应尽量避免导线接头。导线必须接头时，接头应采用压接或焊接。导线连接和分支处不应受机械力的作用。穿管敷设导线，在任何情况下都不能有接头，必要时尽量将接头放在接线盒的接线柱上。

（3）在建筑物内配线要保持水平或垂直。水平敷设的导线，距地面不应小于 2.5m；垂直敷设的导线，距地面不应小于 1.8m。否则，应装设预防机械损伤的装置加以保护，以防漏电伤人。

（4）导线穿过墙壁时，应加套管保护，管内两端出线口伸出墙面的距离应不小于 10mm。在天花板上走线时，可采用金属软管，但应固定稳妥。

（5）配线的位置应尽可能避开热源和便于检查、维修。

（6）弱电线不能与大功率电力线平行，更不能穿在同一管内。如因环境所限，必须平行走线时，则应远离 50cm 以上。

（7）报警控制箱的交流电源应单独走线，不能与信号线和低压直流电源线穿在同一管内。

（8）为了确保用电安全，室内电气管线和配电设备与其他管道、设备间的最小距离不得小于表 2-2 所规定的数值。否则，应采取其他保护措施。

表2-2 室内电气管线和配电设备与其他管道、设备间的最小距离

（单位：m）

类别	管线及设备名称	管内导线	明敷绝缘导线	裸母线	配电设备
平行	煤气管	0.1	1.0	1.0	1.5
	乙炔管	0.1	1.0	2.0	3.0
	氧气管	0.1	0.5	1.0	1.5
	蒸汽管	1.0/0.5	1.0/0.5	1.0	0.5
	暖水管	0.3/0.2	0.3/0.2	1.0	0.1
	通风管	—	0.1	1.0	0.1
	上、下水管	—	0.1	1.0	0.1
	压缩气管	—	0.1	1.0	0.1
	工艺设备	—	—	1.5	—
交叉	煤气管	0.1	0.3	0.5	—
	乙炔管	0.1	0.5	0.5	—
	氧气管	0.1	0.3	0.5	—
	蒸汽管	0.3	0.3	0.5	—
	暖水管	0.1	0.1	0.5	—
	通风管	—	0.1	0.5	—
	上、下水管	—	0.1	0.5	—
	压缩气管	—	0.1	0.5	—
	工艺设备	—	—	1.5	—

注：表中有两个数据者，第一个数值为电气管线敷设在其他管道上面的距离；第二个数值为电气管线敷设在其他管道下面的距离。

 2-29 如何选择室内配电导线？

1. 导线颜色的选择

室内配电导线有红、绿、黄、蓝和黄绿双色五种颜色。我国住宅用户一般为单相电源进户，进户线有三根，分别是相线（L）、中性线（N）和接地线（PE），在选择进户线时，相线应选择黄、红或绿线，中性线选择淡蓝色线，接地线选择黄绿双色线。三根进户线进入配电箱后分成多条支路，各支路的接地线必须为黄绿双色线，中性线的颜

色必须采用淡蓝色线，而各支路的相线可都选择黄线，也可以分别采用黄、绿、红三种颜色的导线，如一条支路的相线选择黄线，另一条支路的相线选择红线或绿线，支路相线选择不同颜色的导线，有利于检查区分线路。

2. 导线截面积的选择

进户线一般选择截面积在 $10 \sim 25 mm^2$ 左右的 BV 型或 BVR 型导线；照明线路一般选择截面积为 $1.5 \sim 2.5\ mm^2$ 的 BV 型或 BVR 型导线；普通插座一般选择截面积为 $2.5 \sim 4mm^2$ 的 BV 型或 BVR 型导线；空调及浴霸等大功率线路一般选择截面积为 $4 \sim 6\ mm^2$ 的 BV 型或 BVR 型导线。

 2-30　导线接头应满足哪些基本要求？

在配线过程中，因出现线路分支或导线太短，经常需要将一根导线与另一根导线连接。在各种配线方式中，导线的连接除了针式绝缘子、鼓形绝缘子、蝶形绝缘子配线可在布线中间处理外，其余均需在接线盒、开关盒或灯头盒内等处理。导线的连接质量对安装的线路能否安全可靠运行影响很大。常用的导线连接方法有绞接、绑接、焊接、压接和螺栓连接等。其基本要求如下：

（1）剥削导线绝缘层时，无论用电工刀或剥线钳，都不得损伤线芯。

（2）接头应牢固可靠，连接电阻要小。而且，其接头的机械强度不小于同截面积导线的 80%。

（3）导线的接头应在接线盒内连接；不同材料导线不准直接连接；分支线接头处，干线不应受到来自支线的横向拉力。

（4）绝缘导线除芯线连接外，在连接处应用绝缘带（塑料带、黄蜡带等）包缠均匀、严密，绝缘强度不低于原有绝缘强度。

（5）在接线端子的端部与导线绝缘层的空隙处，也应用绝缘带包缠严密，最外层处还得用黑胶布扎紧一层，以防机械损伤。

（6）单股铝线与电气设备端子可直接连接；多股铝芯线应采用焊接或压接端子后再与电气设备端子连接，压模规格同样应与线芯截面积相符。

（7）单股铜线与电气器具端子可直接连接。

（8）截面积超过 $2.5mm^2$ 多股铜线连接应采用焊接或压接端子后再与电气器具连接，采用焊接方法应先将线芯拧紧，经搪锡后再与器具连接，焊锡应饱满，焊后要清除残余焊药和焊渣，不应使用酸性焊剂。用压接法连接，压模的规格应与线芯截面积相符。

导线连接过程大致可分为三个步骤，即导线绝缘层的剖削、导线线头的连接和导线连接处绝缘层的恢复。

2-31　室内配电线路出现短路故障时应该怎样排除？

室内线路发生短路时，由于短路电流很大，若熔丝不能及时熔断就可能烧坏电线或其他用电设备，甚至引起火灾。造成短路的原因大致有以下几种：

（1）接线错误而引起相线与中性线直接相碰。

（2）因接线不良而导致接头之间直接短路，或接头处接线松动而引起碰线。

（3）在该用插头处不用插头，直接将线头插入插座孔内造成混线短路。

（4）电器用具内部绝缘损坏，导致导线碰触金属外壳而引起电源线短路。

（5）房屋失修漏水，造成灯头或开关过潮甚至进水而导致内部相间短路。

（6）导线绝缘受外力损伤，在破损处发生电源线碰接或者同时接地。

线路发生短路故障后，应迅速拉开总开关，逐段检查，找出故障点并及时处理。同时检查熔断器熔丝是否合适，熔丝不可选得太粗，更不能用铜丝、铝丝、铁丝等代替。

2-32　室内配电线路出现断路故障时应该怎样排除？

断路是指线路不通，电源电压不能加到用电设备上，用电设备不能正常工作。造成断路的原因主要是导线断落、线头松脱、开关损坏、熔丝熔断，以及导线受损伤而折断或铝导线接头受严重腐蚀而造成的断开现象等。

线路发生断路故障后，首先应检查熔断器内熔丝是否熔断，如果熔丝已经熔断，应接着检查电路中有无短路或过负荷等情况。如果熔丝没有熔断并且电源侧相线也没有电，则应检查上一级的熔丝是否熔断。如果上一级的熔丝也没有熔断，就应该进一步检查配电盘（板）上的刀开关和线路。这样逐段检查，缩小故障点范围。找到故障点后应进行可靠的处理。

 2-33　室内配电线路漏电故障时应该怎样排除？

漏电也是一种常见的故障。人接触到有漏电的地方，就会感到发麻，危害人身安全，同时电路中如有漏电现象，还会造成电能浪费，即使不用电，电能表仍然走字，给用户增加经济负担。

引起漏电的原因主要是由于导线或用电设备的绝缘因外力而损伤；或经长期使用绝缘发生老化现象，又受到潮气侵袭或者被污染而造成绝缘不良所引起的。室内照明和动力线路漏电时可按如下方法查找：

（1）首先判断是否确实发生了漏电。其方法是，用绝缘电阻表摇测，看绝缘电阻的大小，或在被检查线路的总刀开关上接一只电流表，取下所有灯泡，接通全部电灯开关，仔细观察电流表。若电流表指针摆动，则说明有漏电。指针偏转越大，说明漏电越大。

（2）判断漏电性质。仍以接入电流表检查漏电为例，方法是切断零线观察电流的变化。若电流表指示不变，则说明相线和大地之间有漏电；若电流表指示为零，则说明相线与零线之间有漏电；若电流表指示变小但不为零，则说明相线与零线、相线与大地间均有漏电。

（3）确定漏电范围。方法是取下分路熔断器或拉开分路刀开关，若电流表指示不变，则表明是总线漏电；若电流表指示为零，则表明是分路漏电；若电流表指示变小但不为零，则表明是总线和分路均有漏电。

（4）找出漏电点。按照上述方法确定漏电范围后，依次断开该线路的灯具开关，当拉断某一开关时，若电流表指示回零，则是这一分支线漏电；若电流表的指示变小，则说明除这一分支线漏电外还有其他漏电处。若所有灯具开关都断开后，电流表指示不变，则说明是该段干线漏电。

依照上述查找方法依次把故障范围缩小到一个较短的线段内，便可进一步检查该段线路的接头，以及电线穿墙转弯、交叉、易腐蚀和易受潮的地方等处有无漏电情况。当找到漏电点后，及时妥善处理。

 2-34 常用电气设备维护保养制度是如何规定的?

1. 变压器

（1）每年清理一次外表积尘和其他污物，紧固导体连接螺栓。

（2）停止运行时间超过 72h，再次投运前应做绝缘试验，用 2500V 绝缘电阻表（摇表）测量，一次对二次以及对地绝缘电阻 $\geq$ 300MΩ，二次对地绝缘电阻 $\geq$ 100MΩ，铁心对地绝缘电阻 $\geq$ 5MΩ（注意拆除接地片）。如达不到，则应做干燥处理。

（3）每年由供电局试验一次。

（4）每月检查一次有载调压开关。在光暗时检查开关本机接线柱等是否有电晕现象（蓝光和红光闪亮）。如有，必须在停电后用脱脂棉纱擦拭干净。

2. 高压开关柜

（1）每日必须定时巡视、查看柜内连接螺栓是否松动。

（2）每年清理一次柜内外积尘污物，紧固导体连接螺栓，对断路器等操动机构加注润滑油。

（3）每年由供电局做一次高压预防性试验。

3. 低压配电柜、中央信号屏、直流屏

（1）每年检查、校验各电流表、电压表是否准确可靠。

（2）每月检查各绝缘件有无破损、受潮，保护接地的连接是否可靠。

（3）每月检查辅助电路元件，包括仪表、继电器、控制开关按钮、保护熔断器等是否正常。

（4）每月检查辅助电路端子及接插件是否牢固可靠。

（5）每月检查是否处于正常工作状态，信号指示是否准确。检查直流屏蓄电池是否正常，必要时检查液位、测量密度。

（6）每年清理一次柜内外积尘和污物，紧固导线连接螺栓，检查各引出线绝缘的老化情况。

4. 电动机及起动控制柜、动力配电箱

（1）每周检查：

1）电动机运转是否正常，有无异响。

2）电动机外壳温度是否正常。

3）起动控制柜上仪表和指示灯是否正常。

4）起动备用电动机，试运转 5min 左右，并检查有无异常。

（2）每月检查：

1）检查起动控制柜内交流接触器、时间继电器、热继电器、中间继电器动作是否可靠，及其触头磨损状况，必要时给予更换。

2）检查开关触头是否牢固、有无烧伤、分闸及合闸动作是否可靠。

3）测量电动机的绝缘状况，检查接线盒内接线端子是否松动。

4）检查主回路接线端子、导线连接螺栓有无松动。

5）检查控制回路接线端子、各接插件是否可靠。

6）检查柜内绝缘件是否有破损和受潮现象。

（3）每年维护保养：

1）对所有起动柜内做一次除尘去污。

2）检查所有导线接头、接线端子表面氧化状况，去除氧化层。

3）检查所有导线老化状况，必要时更换导线。

4）更换已经老化、磨损严重的元器件。

5）检查电动机轴承间隙，加注润滑油；对磨损严重，间隙过大的轴承，必须予以更换。

6）检查电动机绝缘状况，有绝缘下降的，必须对定子绕组做浸漆处理。

5. 母排

（1）每月检查各楼层母排插接箱接线端子是否松动，紧固是否牢固。

（2）每半年紧固母排接头连接螺栓。

（3）每年清扫母排外壳积尘和污物，特别是水平布置的母排。

6. 照明配电箱

（1）每月检查箱内各开关是否正常可靠。

（2）每年检查各进出线是否有老化现象，清除导线接头及接线端子表面污物和氧化层。

（3）更换失效或有缺陷的电气元件。

 2-35　如何维护保养电气控制柜?

（1）断开电源，检查控制柜的机架是否有可靠的接地，并使接地电阻不大于4Ω。

（2）控制柜上有不同性质的电压（直流110V、交流单相220V、三相交流），在维修保养时必须分清电路，防止发生短路事故。

（3）控制柜上的全部电器开关，应动作灵活可靠，无显著噪声，连接线接头和接线柱应无松动现象，动触头连接线接头处应无断裂现象。

（4）用软刷或者吹风机把屏板插件和全部电磁开关零件上的灰尘清理干净，并检查控制柜内电器开关触头的状态、接触情况、线圈外表的绝缘以及机械部件的动作是否可靠。

（5）更换熔丝时，应使熔断电流与该回路的电流相匹配。

 2-36　如何维护保养动力配电控制箱?

动力配电控制箱的操作人员必须是经过培训合格后取得操作证才能进行操作。动力配电控制箱操作人员应该熟悉配电控制箱的结构和性能，并要按照安全的操作规程进行操作。配电控制箱使用前要严格执行规范要求，做好全部的准备工作，并穿戴好绝缘服装，用绝缘工具进行操作。配电控制箱操作时要坚持一人操作、一人监护的制度，并认真执行工作程序要求；当设备投入运行时，要密切注意仪表的显示，按照规定时间抄取表盘，要定期巡视检查有关绝缘子、电器设备的油面和套管、母线、各种电气接头，如果有过热的情况，要及时处理，避免发生安全事故，而且要在醒目的位置悬挂标志牌。

配电控制箱的定期保养就是定期对配电装置进行检查和清扫；对

操作机构的动作灵活性和辅助触头的分合应正确；还要检查所有电器元件和附件的性能及固定情况；检查金属母线和接线端子防电化腐蚀和母线受压后的变形情况；定期检查柱体接地装置是否良好；触头应该接触紧密并保证有足够的压力。

配电控制箱的日常保养要注意清扫配电装置的内外部；检查瓷绝缘子、套管、各种电气接头和母线；检查各装置接续是否良好；要密切注意仪表的显示和各种电气接头是否有过热的状况。配电控制箱在操作使用过程中只要按照安全操作规程来进行操作，对配电控制箱进行定期保养和日常保养就能够保持良好的工作状态，降低安全事故的发生概率。

 2-37　怎样起动柴油发电机？

柴油发电机起动前，应检查传动带和蓄电池是否正常，机油和冷却水是否充足，油路连接是否正常。起动后，必须保证发电机组空载运行 3~5min。检查发电机转子声音有无异常，检查空载各运行参数是否正常，确保机油在机体内得以充分润滑后逐渐稳步加速至额定转速。

柴油发电机一般在良好备用状态下，当电源发生故障中断时，应及时实现自动起动。若因故柴油发电机没有起动，得到起动命令后，立即把钥匙开关顺时针旋到起动试验位置（TEST），同时信号红灯亮，柴油发电机起动且自动升到额定转速，电压建立。

确认柴油发电机起动正常后，调整发电机转速，升压至 360~400V（正常情况下电压不得低于 380V），频率 50Hz。确保发电机组发电电压稳定。

在送电过程中，操作人员必须保持双脚处于绝缘脚垫上，手上佩戴绝缘手套，将总电闸合至发电机供电位置，将各控制开关逐一合上。合闸顺序为照明用电、动力用电、生活用电。

 2-38　柴油发电机运行中应如何进行监视和检查？

柴油发电机运行时，必须确保有专人监护，并定时巡查。

（1）柴油发电机在运行中，检查发电机电流表、电压表、频率是否在额定范围，并进行调整。

（2）检查柴油发电机的振动情况。

（3）检查水箱、燃油箱液位高度是否符合使用要求。

（4）检查报警信号。

（5）检查润滑油压表、油温表、冷却水测试的指示不得指向红色区域。

1）机油压力正常运行不得低于 1.5bar$^{\ominus}$（保护定值）。

2）机油温度正常运行时，不得高于 110℃。

3）冷却水温度正常运行时不得高于 93℃。

（6）检查柴油发电机有无漏油、漏水的现象。

（7）检查柴油发电机各部件有无异常声音，并观察排烟情况。

 2-39 使用柴油发电机时应注意什么？

（1）润滑油温在 60℃ 的情况下，连续长时间运行，可能引起曲轴箱内润滑油的酸化，这样会加速机器的磨损。

（2）冷却水温在 71～90℃ 之间是最佳范围，机器各部件相对膨胀形成的间隙，对运行工况有利。

（3）柴油发电机不得长时间空载运行，因为空载运行时燃烧室的温度很低，导致燃料不能完全燃烧，会引起燃烧中析出的碳阻塞油嘴和活塞环，以及阀门的黏结。

（4）在停机过程中，若有保护装置动作，在恢复备用状态时，应将保护复归，查明原因，备用时禁止按下"停机"按钮。

（5）柴油发电机在 30s 内不能起动时，应停止等待 1～2min 后，再重新起动，允许起动 3 次。

（6）若柴油发电机组长期停用（不作备用），应采取保养措施（如放水、排油、防腐等）。

（7）每运行 250h，更换一次机油和机油滤清器芯、燃油滤清器芯，更换下来的各种滤芯不得清洗后继续使用。

㊀ bar 为非法定计量单位，1bar = 10^{5}Pa，后同。

2-40 柴油发电机如何正常停机?

（1）倒闸至工作段母线供电。

（2）维持空负荷运行 3～5min，以免喷嘴螺孔和活塞或阀门堵塞。

（3）按下"停机"按钮或将钥匙开关逆时针旋到（OFF）位置，柴油发电机停止运转。

（4）恢复柴油发电机组事故备用状态，将钥匙开关打到自动状态（AUTO）。

柴油发电机正常停用的步骤如下:

确保发电机空载运行→逐渐减速至中速→水温降至 45℃ 左右→关闭油箱开关→关闭发电机机组→逐渐减速停机→关闭蓄电池控制总电源开关

当发现柴油发电机有异常振动、声响、异味、温度异常超高和仪表参数异常的情况下，应立即停机，不受上述步骤的限制。

2-41 柴油发电机怎样紧急停机?

在一般情况下，应不采用紧急停机，只有当机组发生下列情况之一时，才可采取紧急停机:

（1）机油压力过低或无压力时。

（2）柴油机转速突然升高，超过最高空转转速时。

（3）柴油机发出异常敲击声时。

（4）发电机发出异常声音和烧焦气味时。

（5）发电机集电环上火花很大时。

（6）轴承严重磨损，机组螺钉松动，振动很强烈时。

（7）有些运动着的零部件发生卡死时。

（8）传动机构的工作有重大的不正常情况时。

（9）发生人身安全事故时。

紧急停机的方法:对单缸柴油机可采取拆除高压油管或用布捂住空气滤清器的方法;对 2105 型柴油机可将两只喷油泵的开关手柄向逆时针方向转至极限位置，切断燃油的供给，柴油机便立即停止转动。

2-42 如何进行柴油发电机组的日常保养?

（1）检查机油油位，油量不足时应按规定添加机油。

（2）检查并排除漏油、漏水和漏气现象。

（3）检查地脚螺栓及各部件连接螺栓有无松动。

（4）检查柴油机与发电机的连接情况。对采用带传动的机组，应检查传动带的接头是否牢靠。

（5）检查电气线路及仪表装置的连接是否可靠。

（6）擦拭设备，清除油污、水迹及尘土，尤其要注意燃油系统和电气系统的清洁。

（7）在尘土多的地区，应于每班后清洗空气滤清器。

（8）检查燃油箱内燃油是否足够。

（9）排除所发现的故障及不正常现象。

2-43 小区停电后应怎样进行应急处理?

1. 小区突然停电的应急处理

（1）市电停电后，应立即按流程，断开变压器高压、低压开关，防止倒送电，起动小区自备发电机。

（2）小区管理处电工根据运行记录，估计当日小区总负荷、消防应急负荷、照明负荷、居民负荷，以及大型用电设备负荷，首先起动消防应急负荷以及照明负荷。确保安全通道顺畅、照明充足。同时，由于没有接入市电，电源不稳定，建议人工锁定电梯，非紧急情况不得启用。如果估计居民负荷小于发电机额定功率，可以逐个合上分开关，供居民负荷。每合上一个开关，应该观察一段时间，注意电压表变化。如果发现发电机频率、电压突然降低，应立即切掉大型用电设备负荷，甚至部分居民负荷，防止应急供电系统不堪重负而崩溃。

2. 停电应急处理中与供电部门保持联动

（1）核对近期收到的计划停电信息，看是否属于计划停电。如果是，则做好居民解释工作。如果是非计划停电，则检查是否是本小区设备故障。如果排除，则初步断定为外部供电中断。

（2）如果是外部故障，则供电部门抢修人员会前往现场处理，只需等待送电并做好居民解释工作。如本小区存在重要负荷且应急发电机无法提供电源，可通过 95598 或向供电部门抢修班申请应急发电车，并做好应急发电车的引导和配合安装工作。

（3）如果是因为小区内部故障停电，且自身缺乏抢修的技术力量，可以致电 95598 或供电部门请求协助，供电部门将根据实际情况，协助小区物业做好设备的抢修工作，尽快保障居民恢复供电。

3. 市电-发电转换操作步骤

（1）有自动投入功能的市电-发电供电系统。市电停电数秒钟后，发电机起动并建立电压，电气联锁装置动作，线路自动转入发电供电。此时，电工对中央空调、分体空调等设备，以及需人工转换的部分线路进行手动转换。市电恢复后，对上述设备、线路再进行转换及重新起动。

（2）无自动投入功能的市电-发电供电系统。市电停电时，手动起动发电机，待电压稳定后，逐级依次进行转换。市电恢复后，则依照与之相反的顺序进行转换电操作。

❓ 2-44 小区恢复供电时应注意什么？

市电来电后，应及时进行换电，其操作方法如下：

（1）先断开柴油发电机供电总电闸，再依次断开各控制开关，关闭发电机组总控开关，使发电机处于空载运行状态。

（2）将市电总控电闸合至市电开关位置，再依次将各控制开关合上，顺序为照明用电、动力用电、生活用电。

（3）检查市电供电各线路是否正常。

（4）市电供电正常后，柴油发电机停止工作。

电气照明装置

3-1 对电气照明有哪些质量要求？

电气照明是指利用一定的装置和设备将电能转换成光能，为人们的日常生活、工作和生产提供照明。电气照明一般由电光源、灯具、电源开关和控制线路等组成。良好的照明条件是保证安全生产、提高劳动生产率和人的视力健康的必要条件。

对照明的要求，主要是由被照明的环境内所从事活动的视觉要求决定的。一般应满足下列要求：

（1）照度均匀：指被照空间环境及物体表面应有尽可能均匀的照度，这就要求电气照明应有合理的光源布置，选择适用的照明灯具。

（2）照度合理：根据不同环境和活动的需要，电气照明应提供合理的照度。各类建筑中不同场所一般照明的推荐照度值见表 3-1。

表 3-1 各类建筑中不同场所的推荐照度值

建筑性质	房间名称	推荐照度值/lx
居住建筑	厕所、盥洗室	5~15
	餐室、厨房、起居室	15~30
	卧室	20~50
	单身宿舍、活动室	30~50
科技办公建筑	厕所、盥洗室、楼梯间、走道	5~15
	食堂、传达室	30~75
	厨房	50~100
	医疗室、报告厅、办公室、会议室、接待室	75~150
	实验室、阅览室、书库、教室	75~150
	设计室、绘图室、打字室	100~200
	电子计算机机房	150~300

（续）

建筑性质	房间名称	推荐照度值/lx
商业建筑	厕所、更衣室、热水间	5~15
	楼梯间、冷库、库房	10~20
	一般旅客客房、浴池	20~50
	大门厅、售票室、小吃店	30~75
	餐厅、照相馆营业厅、菜市场	50~100
	钟表眼镜店、银行、邮电营业厅	50~100
	理发室、书店、服装商店等	70~150
	字画商店、百货商店	100~200
	自选市场	200~300
道路	住宅小区道路	0.5~2
	公共建筑的庭园道路	2~5
	大型停车场	3~10
	广场	5~15

（3）限制眩光：集中的高亮度光源对人眼的刺激作用称为眩光。眩光损坏人的视力，也影响照明效果。为了限制眩光，可采用限制单只光源的亮度，降低光源表面亮度（如用磨砂玻璃罩），或选用适当的灯具遮挡直射光线等措施。实践证明，合理地选择灯具悬挂高度，对限制眩光的效果十分显著。一般照明灯具距地面最低悬挂高度的规定值见表 3-2。

表 3-2　一般照明灯具距地面最低悬挂高度的规定值

光源种类	灯具形式	光源功率/W	最低悬挂高度/m
白炽灯	有反射罩	≤60	2.0
		100~150	2.5
		200~300	3.5
		≥500	4.0
	有乳白玻璃漫反射罩	≤100	2.0
		150~200	2.5
		300~500	3.0
卤钨灯	有反射罩	≤500	6.0
		1000~2000	7.0
荧光灯	无反射罩	<40	2.0
		>40	3.0
	有反射罩	≥40	2.0

（续）

光源种类	灯具形式	光源功率/W	最低悬挂高度/m
高压汞灯	有反射罩	≤125	3.5
		125~250	5.0
		≥400	6.0
	有反射罩带格栅	≤125	3.0
		125~250	4.0
		≥400	5.0
金属卤化灯	搪瓷反射罩	250	6.0
	铝抛光反射罩	1000	7.5
高压钠灯	搪瓷反射罩	250	6.0
	铝抛光反射罩	400	7.0

 ## 3-2　怎样安装白炽灯？

安装白炽灯时，每个用户都要装设一组总保险（熔断器），作为短路保护用。电灯开关应安装在相线（火线）上，使开关断开时，电灯灯头不带电，以免触电。对于螺口灯座，还应将中性线（零线）与铜螺套连接，将相线与中心簧片连接。

吊灯的导线应采用绝缘软线，并应在吊线盒及灯座罩盖内将导线打结，以免导线线芯直接承受吊灯的重量而被拉断。吊灯的安装方法如图 3-1 所示。

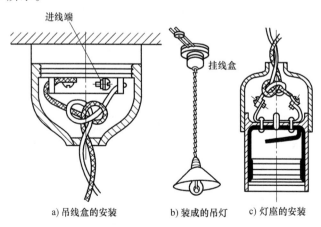

a) 吊线盒的安装　　b) 装成的吊灯　　c) 灯座的安装

图 3-1　吊灯的安装方法

3-3 使用白炽灯时应该注意什么?

白炽灯使用的注意事项如下:

(1)使用时灯泡电压应与电源电压相符。为使灯泡发出的光能得到很好的分布和避免光线刺眼,最好根据照明要求安装反光适度的灯罩。

(2)灯座的形式必须与灯头相一致。

(3)大功率的白炽灯在安装时,要考虑避免灯过热而引起玻璃壳与灯头松脱。

(4)在室外使用灯泡时,应有防雨装置,以免灯泡玻璃遇雨破裂。

(5)在室内使用时,要经常清扫灯泡和灯罩上的灰尘和污物,以保持清洁和亮度。

(6)在拆换和清扫白炽灯泡时,应关闭电灯开关,注意不要触及灯泡螺旋部分,以免触电。

(7)不要用灯泡取暖,更不要用纸张或布遮光。

3-4 白炽灯有哪些常见故障? 应该怎样排除?

白炽灯的常见故障及其排除方法见表 3-3。

表 3-3 白炽灯的常见故障及其排除方法

常见故障	可能原因	排除方法
灯泡不亮	1. 电源进线无电压 2. 灯座或开关接触不良 3. 灯丝断裂 4. 熔丝熔断 5. 线路断路	1. 检查是否停电,若停电,查找系统线路停电的原因,并处理 2. 检修或更换灯座、开关 3. 更换灯泡 4. 更换熔丝 5. 修复线路
灯泡强烈发光后瞬时烧坏	1. 灯丝局部短路 2. 灯泡额定电压低于电源电压 3. 电源电压过高	1. 更换灯泡 2. 换用额定电压与电源电压一致的灯泡 3. 调整电源电压

（续）

常见故障	可能原因	排除方法
灯光时亮时熄	1. 灯座或开关接触不良,导线接线松动或表面氧化 2. 电源电压忽高忽低或由于附近有大容量负载经常起动引起 3. 熔丝接触不良 4. 灯丝烧断但受振后忽接忽离	1. 修复松动的触头或接线,清除导线的氧化层后重新接线,清除触头表面的氧化层 2. 增加电源容量 3. 重新安装 4. 更换灯泡
熔丝烧断	1. 灯座或挂线盒连接处两线头相碰 2. 熔丝太细 3. 线路短路 4. 负载过大 5. 胶木灯座两触头间胶木烧毁,造成短路	1. 重新接好线头 2. 正确选择熔丝规格 3. 修复线路 4. 减轻负载 5. 更换灯座
灯光暗淡	1. 灯座、开关接触不良,或导线连接处接触电阻增加 2. 灯座、开关或导线对地严重漏电 3. 线路导线太长太细,压降过大 4. 电源电压过低	1. 修复接触不良的触头,重新连接导线接头 2. 更换灯座、开关或导线 3. 缩短线路长度,或更换截面积较大的导线 4. 调整电源电压

 3-5　怎样安装荧光灯?

荧光灯又称日光灯,是应用最广的气体放电光源之一。近几年荧光灯越来越多地使用电子镇流器。由于电子镇流器具有良好的启动性能及高效节能等优点,正在逐步取代传统的电感式镇流器。荧光灯的接线如图 3-2 所示。

荧光灯的安装形式有多种形式,但一般常采用吸顶式和吊链式。荧光灯的安装示意图如图 3-3 所示。

安装荧光灯时应注意以下几点:

（1）安装荧光灯时,应按图正确接线。

（2）镇流器必须与电源电压、荧光灯功率相匹配,不可混用。

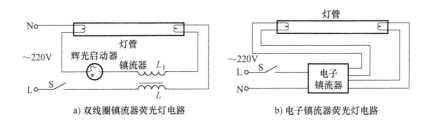

图 3-2　直管形荧光灯的接线原理图

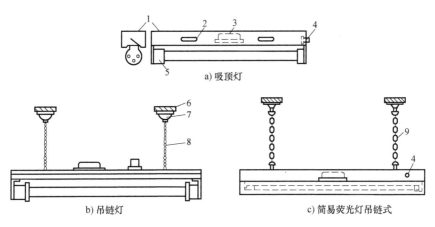

图 3-3　荧光灯的安装示意图

1—外壳　2—通风孔　3—镇流器　4—辉光启动器　5—灯座　6—圆木
7—吊线盒　8—吊线　9—吊链

（3）辉光启动器的规格应根据荧光灯的功率大小来决定，辉光启动器应安装在灯架上便于检修的位置。

（4）灯管应采用弹簧式或旋转式专用的配套灯座，以保证灯脚与电源线接触良好，并可使灯管固定。

（5）为防止灯管脚松动脱落，应采用弹簧安全灯脚或用扎线将灯管固定在灯架上，不得用电线直接连接在灯脚上，以免产生不良后果。

（6）荧光灯配用电线不应受力，灯架应用吊杆或吊链悬挂。

（7）对环形荧光灯的灯头不能旋转，否则会引起灯丝短路。

3-6 使用荧光灯时应注意什么?

荧光灯使用的注意事项如下:

(1)荧光灯的部件较多,应检查接线是否有误,经检查无误后,方可接电使用。

(2)荧光灯的镇流器和辉光启动器应与灯管的功率相匹配。

(3)镇流器在工作中必须注意它的散热。

(4)电源电压变化太大,将影响灯的光效和寿命,一般电压变化不宜超过额定电压的±5%。

(5)荧光灯工作最适宜的环境温度为18~25℃。环境温度过高或过低都会造成启动困难和光效下降。

(6)破碎的灯管要及时妥善处理,防止汞害。

(7)荧光灯启动时,其灯丝所涂能发射电子的物质被加热冲击、发射,以致发生溅散现象(把灯丝表面所涂的氧化物打落)。启动次数越多,所涂的物质消耗越快。因此,使用中尽量减少开关的次数,更不应随意开关灯,以延长使用寿命。

3-7 荧光灯有哪些常见故障? 应该怎样排除?

荧光灯的常见故障及其排除方法见表3-4。

表3-4 荧光灯的常见故障及其排除方法

常见故障	可能原因	排除方法
灯管不亮	1. 灯座触头接触不良,或电路接线松动	1. 重新安装灯管,或重新接好导线
	2. 辉光启动器损坏,或与辉光启动器座接触不良	2. 先旋动辉光启动器,看是否发亮,再检查线头是否脱落,排除后仍不发亮,应更换辉光启动器
	3. 镇流器线圈或管内灯丝断裂或脱落	3. 用万用表低电阻档检查线圈和灯丝是否断路;20W及以下灯管一端断丝,将该端的两个灯脚短路后,仍可使用
	4. 无电源	4. 验明是否停电,或熔丝是否熔断
	5. 新装灯管接线错误	5. 检查线路

（续）

常见故障	可能原因	排除方法
灯管两端发亮,中间不亮	辉光启动器接触不良,或内部小电容击穿,或辉光启动器座线头脱落,或辉光启动器损坏	按"灯管不亮"排除方法2检查;小电容击穿,可将其剪去后继续使用
辉光启动困难(灯管两端不断闪烁,中间不亮)	1. 辉光启动器规格与灯管不配套 2. 电源电压过低 3. 镇流器规格与灯管不配套,辉光启动电流小 4. 灯管老化 5. 环境温度过低 6. 接线错误或灯座灯脚松动	1. 更换辉光启动器 2. 调整电源电压,使电压保持在额定值 3. 更换镇流器 4. 更换灯管 5. 可用热毛巾在灯管上来回烫熨(但应注意安全,灯架和灯座不可触及和受潮) 6. 检查线路或修理灯座
灯光闪烁或管内有螺旋形滚动光带	1. 辉光启动器或镇流器连接不良 2. 镇流器不配套,工作电流过大 3. 新灯管暂时现象 4. 灯管质量不好	1. 接好连接点 2. 更换镇流器 3. 使用一段时间后,会自然消失 4. 更换灯管
灯管两端发黑	1. 灯管衰老 2. 辉光启动不良 3. 电源电压过高 4. 镇流器不配套 5. 灯管内水银凝结	1. 更换灯管 2. 排除辉光启动系统故障 3. 调整电源电压 4. 更换镇流器 5. 灯管工作后即能蒸发或将灯管旋转180°
镇流器声音异常	1. 铁心叠片松动 2. 电源电压过高 3. 线圈内部短路(伴随过热现象)	1. 紧固铁心 2. 调整电源电压 3. 更换线圈或整个镇流器
灯管寿命过短	1. 镇流器不配套 2. 开关次数过多 3. 电源电压过高 4. 接线错误,导致灯丝烧毁	1. 更换镇流器 2. 减少不必要的开关次数 3. 调整电源电压 4. 改正接线

（续）

常见故障	可能原因	排除方法
灯管亮度降低	1. 温度太低或冷风直吹灯管 2. 灯管老化陈旧 3. 线路电压太低或压降太大 4. 灯管上积垢太多	1. 加防护罩并回避冷风直吹 2. 更换新灯管 3. 查找线路电压太低的原因，并处理 4. 断电后清洗灯管并进行烘干处理

 ## 3-8 怎样安装高压汞灯？

高压汞灯又称高压水银灯。镇流器式高压汞灯由灯头、石英放电管、玻璃外壳等组成，其结构如图3-4所示。

自镇流式高压汞灯和镇流器式高压汞灯的外形及工作原理均基本相同，不同的是自镇流式高压汞灯在灯泡内串联了一组起镇流作用的钨丝，从而省去了镇流器。

高压汞灯的安装方法如下：

（1）安装接线时，一定要分清楚高压汞灯是外接镇流器，还是自镇流式。需接镇流器的高压汞灯，镇流器的功率必须与高压汞灯的功率一致，应将镇流器安装在灯具附近人体触及不到的位置，并注意有利于散热和防雨。自镇流式高压汞灯则不必接入镇流器。

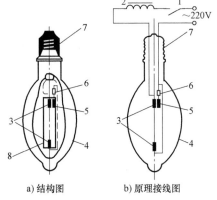

a) 结构图　　　　b) 原理接线图

图 3-4　镇流器式高压汞灯

1—开关　2—镇流器　3—主极　4—玻璃外壳
5—引燃极　6—电阻　7—灯头　8—放电管

（2）高压汞灯以垂直安装为宜，水平安装时，其光通量输出（亮度）要减少7%左右，而且容易自灭。

（3）由于高压汞灯的外玻璃壳温度很高，所以必须安装散热良好的灯具，否则会影响灯的性能和寿命。

（4）高压汞灯的外玻璃壳破碎后仍能发光，但有大量的紫外线辐射，对人体有害，所以玻璃壳破碎的高压汞灯应立即更换。

（5）高压汞灯的电源电压应尽量保持稳定。当电压降低 5% 时，灯就可能自灭，而再行启动点燃的时间较长，所以，高压汞灯不宜接在电压波动较大的线路上，否则应考虑采取调压或稳压措施。

 ## 3-9　使用高压汞灯时应注意什么？

高压汞灯使用的注意事项如下：

（1）高压汞灯使用时，必须配有镇流器，否则会使灯泡立即损坏。灯泡必须与相应规格的镇流器配套使用，不然会缩短灯泡的使用寿命或造成启动困难。

（2）电源电压突然低于额定电压的 20% 时，就有可能造成灯泡自行熄灭。

（3）灯泡点燃后的温度较高，要注意散热。配套的灯具必须具有良好的散热条件，不然会影响灯的性能和寿命。

（4）灯泡熄灭后，须自然冷却 8 ~ 15min，待管内水银气压降低后，方可再启动使用，所以该灯不能用于有迅速点亮要求的场所。

（5）需要更换灯泡时，一定要先断开电源，并待灯泡自然冷却后方可进行。

（6）破碎灯泡要及时妥善处理，防止汞害。

 ## 3-10　高压汞灯有哪些常见故障？应该怎样排除？

高压汞灯的常见故障及其排除方法见表 3-5。

表 3-5　高压汞灯的常见故障及其排除方法

常见故障	可能原因	排除方法
不能辉光启动	1. 电源电压过低 2. 镇流器不配套 3. 灯泡内部构件损坏 4. 开关触头接触不良或接线松动	1. 调整电源电压 2. 更换镇流器 3. 更换灯泡 4. 检修开关，重新接好导线
突然熄灭	1. 电压下降 2. 灯泡损坏 3. 线路断线	1. 调整电源电压 2. 更换灯泡 3. 检修线路

（续）

常见故障	可能原因	排除方法
忽亮忽灭	1. 电源电压波动在辉光启动电压临界值上 2. 灯座接触不良,灯泡螺口松动或接线松动	1. 调整电源电压 2. 检修灯座,重新安装灯泡,接好松动的线头
只亮灯芯	灯泡玻璃外壳破碎或漏气	更换灯泡

 3-11　怎样安装和使用卤钨灯？

　　卤钨灯由灯丝和耐高温的石英玻璃管组成。灯管两端为灯脚,管内中心的螺旋状灯丝安装在灯丝支持架上,在灯管内充有微量的卤元素（碘或溴）,其结构如图3-5所示。

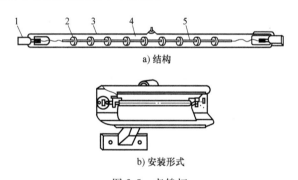

a) 结构

b) 安装形式

图 3-5　卤钨灯

1—灯脚　2—灯丝支持架　3—石英管　4-碘蒸气　5—灯丝

　　卤钨灯的接线与白炽灯相同,不需任何附件,安装和使用时应注意以下几点：

　　（1）电源电压的变化对灯管寿命影响很大,当电压超过额定值的5%时,寿命将缩短一半,所以电源电压的波动一般不宜超过±2.5%。

　　（2）卤钨灯使用时,灯管应严格保持在水平位置,其斜度不得大于4°,否则会损坏卤钨的循环,严重影响灯管的寿命。

　　（3）卤钨灯不允许采用任何人工冷却措施,以保证在高温下的卤钨循环。

　　（4）卤钨灯在正常工作时,管壁温度高达500~700℃,故卤钨灯应配用成套供应的金属灯架，并与易燃的厂房结构保持一定距离。

（5）使用前要用酒精擦去灯管外壁的油污，否则会在高温下形成污斑而降低亮度。

（6）卤钨灯的灯脚引线必须采用耐高温的导线，不得随意改用普通导线。电源线与灯线的连接须用良好的瓷接头。靠近灯座的导线需套耐高温的瓷套管或玻璃纤维套管。灯脚固定必须良好，以免灯脚在高温下被氧化。

（7）卤钨灯耐振性较差，不宜用在振动性较强的场所，更不能作为移动光源来使用。

 ## 3-12 卤钨灯有哪些常见故障？应该怎样排除？

卤钨灯除了会出现类似白炽灯的故障外，还可能发生以下故障：

（1）灯丝寿命短。其主要原因是灯管没有按水平位置安装。处理方法：重新安装灯管，使其保持水平，倾斜度不得超过4°。

（2）灯脚密封处松动。其主要原因是工作时灯管过热，经反复热胀冷缩后，使灯脚松动。处理方法：更换灯管。

 ## 3-13 怎样安装 LED 灯？

LED（发光二极管）是一种新型半导体固态光源。它是一种不需要钨丝和灯管的颗粒状发光元件。LED 光源凭借环保、节能、寿命长、安全等众多优点，已成为照明行业的新宠。

LED 与普通二极管一样，仍然由 PN 结构成，同样具有单向导电性。LED 工作在正偏状态，在正向导通时能发光，所以它是一种把电能转换成光能的半导体器件。

LED 灯的种类非常多，常用 LED 灯的外形如图 3-6 所示。

LED 灯的安装方法如下：

（1）电源电压应当与灯具标示的电压相一致，特别要注意输入电源是直流还是交流，电源线路要设置匹配的漏电及过载保护开关，确保电源的可靠性。

（2）LED 灯具在室内安装时，防水要求与在室外安装基本一致，同样要求做好产品的防水措施，以防止潮湿空气、腐蚀气体等进入线

图 3-6　常用 LED 灯的外形

路。安装时，应仔细检查各个有可能进水的部位，特别是线路接头位置。

（3）LED 灯具均自带公母接头，在灯具相互串接时，先将公母接头的防水圈安装好，然后将公母接头对接，确定公母接头已插到底部后用力锁紧螺母即可。

（4）产品拆开包装后，应认真检查灯具外壳是否有破损，如有破损，请勿点亮 LED 灯具，并采取必要的修复或更换措施。

（5）对于可延伸的 LED 灯具，要注意复核可延伸的最大数量，不可超量串接安装和使用，否则会烧毁控制器或灯具。

（6）灯具安装时，如果遇到玻璃等不可打孔的地方，切不可使用胶水等直接固定，必须架设铁架或铝合金架后用螺钉固定；螺钉固定时不可随意减少螺钉数量，且安装应牢固可靠，不能有飘动、摆动和松脱等现象；切不可安装于易燃、易爆的环境中，并保证 LED 灯具有一定的散热空间。

（7）灯具在搬运及施工安装时，切勿摔、扔、压、拖灯体，切勿用力拉动、弯折延伸接头，以免拉松密封固线口，造成密封不良或内部芯线断路。

 3-14　使用 LED 灯时应注意什么？

LED 灯的使用注意事项如下：

（1）LED 的极性不得反接，通常引线较长的为正极，引线较短的为负极。

（2）使用中各项参数不得超过规定极限值。正向电流 I_F 不允许超过极限工作电流 I_{FM} 值，并且随着环境温度的升高，必须降低工作电流使用。长期使用时温度不宜超过 75℃ 。

（3）LED 的正常工作电流为 20mA，电压的微小波动（如 0.1V）都将引起电流的大幅度波动（10%~15%）。因此，在电路设计时，应根据 LED 的压降配对不同的限流电阻，以保证 LED 处于最佳工作状态。电流过大，LED 会缩短寿命；电流过小，达不到所需发光强度。

（4）在发光亮度基本不变的情况下，采用脉冲电压驱动可以减少耗电。

（5）静电电压和电流的急剧升高将会对 LED 产生损害。严禁徒手触摸白光 LED 的两只引线脚。因为人体的静电会损坏发光二极管的结晶层，工作一段时间后（如 10h）二极管就会失效（不亮），严重时会立即失效。

（6）在给 LED 上锡时，加热锡的装置和电烙铁必须接地，以防止静电损伤器件，防静电线最好用直径为 3mm 的裸铜线，并且终端与电源地线可靠连接。

（7）不要在引脚变形的情况下安装 LED。

（8）在通电情况下，避免 80℃ 以上高温作业。如有高温作业，一定要做好散热。

 3-15 LED 灯损坏的原因有哪些？应该怎样预防？

LED 灯损坏的原因与处理办法如下：

（1）电源的电压不稳定，供电电压升高，特别容易造成 LED 灯的毁坏，电压突然升高的原因很多，电源的质量问题，或者用户的不当使用等原因都可能让供电的电源电压突然升高。

（2）灯管的供电通路局部短路，造成这种情况的通常是线路中某个部件，或者其他导线的短路使这个地方的电压增高。

（3）因为 LED 自身的质量原因损坏而形成短路，将它原有的电压降就转嫁到其他 LED 上。

（4）灯具的散热效果不好，我们都知道灯管发光就是一个散热的过程，如果灯具内的温度过高就容易使 LED 的特性变坏。这样也容易对 LED 灯造成损坏。

（5）还有可能是灯具里面进水了，因为水是导电的，这样就会使灯具的线路短路。

（6）装配的时候没有做好防静电的工作，使 LED 的内部已经被静电所伤害。

 3-16 电气照明装置施工对灯具有什么要求？

（1）当采用钢管作灯具的吊杆时，钢管内径不应小于 10mm，钢管壁厚不应小于 1.5mm。

（2）吊链灯具的灯线不应受拉力，灯线应与吊链编织在一起。

（3）软线吊灯的软线两端应作保护扣，两端芯线应搪锡。

（4）同一室内或场所成排安装的灯具，其中心线偏差应不大于 5mm。

（5）荧光灯和高压汞灯及其附件应配套使用，安装位置应便于检查和维修。

（6）灯具固定应牢固可靠。每个灯具固定用的螺钉或螺栓不应少于 2 个；当绝缘台直径为 75mm 及以下时，可采用 1 个螺钉或螺栓固定。

（7）当吊灯灯具质量大于 3kg 时，应采取预埋吊钩或螺栓固定；当软线吊灯灯具质量大于 1kg 时，应增设吊链。

（8）投光灯的底座及支架应固定牢固，枢轴应沿需要的光轴方向拧紧固定。

（9）固定在移动结构上的灯具，其导线宜敷设在移动构架的内侧；在移动构架活动时，导线不应受拉力和磨损。

（10）公共场所用的应急照明灯和疏散指示灯，应有明显的标志。无专人管理的公共场所照明宜装设自动节能开关。

（11）每套路灯应在相线上装设熔断器。由架空线引入路灯的导线，在灯具入口处应做防水弯。

（12）管内的导线不应有接头。

（13）导线在引入灯具处，应有绝缘保护，同时也不应使其受到应力。

（14）必须接地（或接零）的灯具金属外壳应有专设的接地螺栓和标志，并和地线（零线）妥善连接。

（15）特种灯具（如防爆灯具）的安装应符合有关规定。

 3-17　应急照明系统安装的一般原则是什么？

应急照明系统安装的一般原则如下：

（1）在住宅小区中应急照明灯具的位置一般选择在电梯出口处和楼道出口处。

（2）不同类别的线路不能穿在同一个管内或线槽内，如不同电压、电流的线路都不可敷设在同一个钢管内，而且在配电箱内的端子板也要进行标注并做好隔离。

（3）对应急灯进行检测时，测得的应急灯的实际持续时间不应小于应急灯标注的持续时间。

（4）柴油发电机房尽可能设置在与变配电室相邻的位置，这样便于接线和管理，同时也减少了电能和材料等的损耗，还需注意应有良好的通风环境和避潮环境，便于柴油发电机的通风、排烟和防潮。

（5）安装应急照明系统时应注意便于平时的管理。

3-18 怎样安装和使用应急照明系统？

1. 应急照明系统的布线

在应急照明系统规划完成后，首先应进行电缆的敷设，其中包括电缆在小区中的敷设和电缆在楼宇中的敷设。应急照明系统的布线与楼宇照明系统、家庭用电系统的电缆敷设是同时进行的。

2. 应急照明系统的连接安装

（1）配电箱的连接。要将敷设好的电缆与各栋楼的配电箱进行连接，应注意使用正规的接线柱进行连接，然后将连接好的导线再从配电箱引出，分配到各楼层。

（2）应急灯具的连接。应急照明灯的连接方法主要有两种，分别为两线制接线方法和三线制接线方法。两线制的接线方法适用于应急照明灯具只在应急时使用，平时不工作，楼内电源断电后，应急照明灯自动点亮。三线制的接线方法可以对应急照明灯具进行平时的开关控制，楼内电路断电后不论开关是开还是关，应急灯具都会自动点亮。

照明开关应安装在适当的位置以方便操作和维护。

3. 应急照明系统的检测

应急照明系统安装完成后，要对其进行检测，检测应急照明灯具是否能起到应急的作用。具体检测内容是将楼内电源切断后检测应急照明灯具的亮度、持续照明时间、从断电到启动的时间是否符合应急照明系统的规定。

扫码看视频

3-19 安装开关应满足哪些技术要求？

开关的安装位置应便于操作和维修，其安装应符合以下规定：

（1）暗装开关距地面高度一般为 1.3m，距门框水平距离一般为 0.2m。

（2）拉线开关距地面高度为 2~3m，或距顶棚 0.25~0.3m，距门框边宜为 0.15~0.2m，如图 3-7 所示。

（3）为了装饰美观，并列安装的相同型号开关距地面高度应一致，

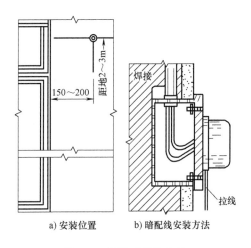

a) 安装位置　　b) 暗配线安装方法

图 3-7　拉线开关的安装

高度差不应大于 1mm；同一室内安装的开关高度差不应大于 5mm。

 3-20　如何正确安装开关？

暗开关有扳把式开关、跷板式开关（又称活装暗扳把式开关）、延时开关等。与暗开关安装方法相同的还有拉线式暗开关。根据不同布置需要有单联、双联、三联等形式。暗装开关盒如图 3-8 所示。

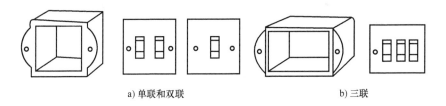

a) 单联和双联　　　　　　　　　b) 三联

图 3-8　暗装开关盒

暗装跷板式开关安装接线时，应使开关切断相线，并应根据开关跷板或面板上的标志确定面板的装置方向。当开关的跷板和面板上无任何标志时，应装成跷板向下按时，开关处于合闸的位置，跷板向上按时，处于断开的位置，即从侧面看跷板上部突出时灯亮，下部突出时灯熄，如图 3-9 所示。

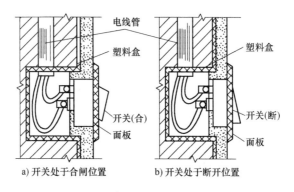

a) 开关处于合闸位置　　　b) 开关处于断开位置

图 3-9　暗装跷板式开关通断位置

 3-21　安装插座应满足哪些技术要求？

安装插座的技术要求如下：

（1）插座垂直离地高度，明装插座不应低于 1.3m；暗装插座用于生活的允许不低于 0.15m，用于公共场所的应不低于 1.3m，并与开关并列安装。

（2）在儿童活动的场所，不应使用低位置插座，应装在不低于 1.3m 的位置上，否则应采取防护措施。

（3）浴室、蒸汽房、游泳池等潮湿场所内应使用专用插座。

（4）空调的插座电源线，应与照明灯电源线分开敷设，应在配电板或漏电保护器后单独敷设，插座的规格也要比普通照明、电热插座大。导线截面积一般采用不小于 1.5mm^2 的铜芯线。

（5）墙面上各种电器连接插座的安装位置应尽可能靠近被连接的电器，缩短连接线的长度。

 3-22　如何正确安装插座？

插座是长期带电的电器，是线路中最容易发生故障的地方，插座的接线孔都有一定的排列位置，不能接错，尤其是单相带保护接地（接零）的三极插座，一旦接错，就容易发生触电伤亡事故。暗装插

扫码看视频

座接线时，应仔细辨别盒内分色导线，正确地与插座进行连接。

插座接线时应面对插座。单相两极插座在垂直排列时，上孔接相线（L 线），下孔接中性线（N 线），如图 3-10a 所示。水平排列时，右孔接相线，左孔接中性线，如图 3-10b 所示。

单相三极插座接线时，上孔接保护接地或接零线（PE 线），右孔接相线（L 线），左孔接中性线（N 线），如图 3-10c 所示。严禁将上孔与左孔用导线连接。

三相四极插座接线时，上孔接保护接地或接零线（PE 线），左孔接相线（L1 线），下孔接相线（L2 线），右孔也接相线（L3 线），如图 3-10d 所示。

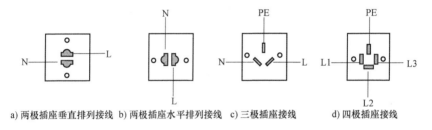

a) 两极插座垂直排列接线 b) 两极插座水平排列接线 c) 三极插座接线   d) 四极插座接线

图 3-10　插座的接线

暗装插座接线完成后，不要马上固定面板，应将盒内导线理顺，依次盘成圆圈状塞入盒内，且不允许盒内导线相碰或损伤导线，面板安装后表面应清洁。

3-23　物业小区照明系统有什么特点？

小区公共照明一般分为楼道照明、景观照明和路灯照明三个系统，是小区公共基础设施中非常重要的一个环节。公共照明设施能否安全、正常地使用运行，将直接影响着小区居民的日常生活起居。

小区公共照明系统至少有两个较为明显的特性。一是其功能的重要性，具体说来，楼道照明（包括消防应急灯）与小区居民的生活息息相关，不可或缺；景观照明，表现小区环境风格，彰显社区文化，意义深远；而路灯照明则具有上述的两大功能意义，是社区基础设施中最重要的组成部分。另一个特性就是，公共照明系统问题较多、易频繁复发且影响很大。尤其是路灯，由于各种因素的影响，这些照明光源经常性地出现故障（最常见的是漏电跳闸），故障后一时又很难检修恢复，致使问题不断地复杂化，这无疑直接影响着物业工作的正常运作。

 3-24　使用楼道照明时应注意什么？

一般说来，楼道照明问题较少，相对来说也容易处理，这是因为楼内灯具避开了风雨侵袭，烈日暴晒。

楼道照明使用的注意事项如下：

（1）必须了解其设计负荷大小与线路布设状况，以便简化检修程序，提升工作效率。

（2）禁止改变线路设计，增加线路负荷。线路的最初设计是严谨并科学合理的，尤其是三相分布电路，尽量做到了负荷均衡。一旦擅自改动线路状况，如打乱三相负荷的分布、增加负荷等，则势必对线路、断路器、漏电保护器造成损害。负荷集中的线路可能会发热，甚至导致线路绝缘老化或损坏。而断路器与漏电保护器则同样会受到冲击，特别是漏电保护器，启动的瞬间可能会因为负荷的不均衡而产生零序电流，致使开关动作跳闸。

（3）禁止改变灯具和灯的性质、功率，特别是感应灯、应急灯系列。这些灯具里一般都有着二次电子回路，它们对线路的电流变化尤为敏感，对灯的要求也相当严格，一般都要求匹配小功率的冷光灯，还有着具体的功率浮动范围。比如消防应急灯，由于有着逆变电路和储备直流电池，此类型灯具对灯的要求就非常苛刻，功率浮动范围一般只有 $1 \sim 2W$，且拒绝发热灯管，否则，可能对灯具电路造成不可逆转的损伤。这些在检修的时候尤为要注意。

（4）楼道照明系统的检测。楼道照明系统安装完成后，要对其进行检测，检测照明灯具是否能起到楼道照明的作用。将电源打开，用手触摸延时触摸开关，灯亮则说明该楼道灯正常，灯不亮需检测开关或灯泡是否出现故障，开关与灯头的连线是否接好，对出现故障的开关和灯泡要进行及时维修与更换，对线路进行检修。

3-25　如何保养楼道照明？

楼道照明系统的日常维护是非常重要的，要经常对楼宇照明灯进行检查，做好楼道灯具的日常保养工作，以保证该系统的正常运行。

（1）检查楼道灯具是否完好，并对存在故障的灯具进行及时的更换。

（2）楼道灯具不应安装在湿度超高、易燃易爆的地方。

（3）灯具的工作电压直接影响着灯具的使用寿命，灯具的工作电压越高，其使用寿命就越低，因此，可适当降低灯具的工作电压以延长灯具的使用寿命。

（4）定期将楼道灯具擦拭干净。

3-26　怎样检修楼道照明？

楼道照明一旦出现故障，动手检修前一定要加以分析。如果只是个别灯具故障，则可能是灯或灯管损坏、电子线路损毁或灯具线路接点接触不良等原因，只要针对性地加以排除即可。如果是整个支路故障，但又未见断路器及漏电保护器动作，则有可能是该支路的相线接点松动、脱落或中性线（零线）断开。也可能是开关损毁（如果是开关损毁，则一定要关注该支路的负荷状况）。应仔细查找原因，修复线路或更换开关。如果故障时开关出现了动作，即跳闸，所有回路的灯具全部熄灭。这时应分两种情况分析处理：一是短路跳闸，指支路灯具中相线与中性线接触到了一起，形成强大的短路电流而使断路器（或漏电保护器）动作；二是漏电跳闸，指回路中相线或中性线接触灯具外壳、接地（墙体）或直接接触保护地线而引起电流泄漏，这时，漏电保护器会因为出现零序电流而动作跳闸，切断电路。

通常使用万用表和绝缘电阻表可分别检测出线路的短路故障和漏电故障。一般情况下，线路短路时会伴随局部的爆炸声，有火花闪现，冲击力很大，而漏电故障则冲击力较小，但开关动作很快。

检修时，如果故障点不是很明确，最好采用分段排查法（如果支路灯具不是很多则不需要），在回路的 1/2 处将线路接点断开，用万用表或绝缘电阻表检测出有故障的一个分支，然后再把该分支一分为二，查找出有故障的另一小分支，如此反复，直至查找到故障点。

一般说来，故障并不会无缘无故地出现，肯定是事出有因，如某处线路被更改过、灯具（线路）遭受过外力撞击、突然增大负荷、开关盒遭意外浸水、接点松动或相线与中性线绞接在一起等。检修时要多加分析、观察，特别要注意经常出现问题的地方。故障排除后最好把检测经过登记入册，以备查阅。

3-27　如何使用与维护景观照明和路灯照明？

与楼道照明相比较，露天的景观照明和路灯照明则要复杂得多。由于长期的日晒雨淋，灯具会出现锈蚀，导线也会损伤，密封不好的话很容易出现浸水漏电现象。还有，这两类灯一般设计容量较大，跨度大，分布广，故障检修有一定难度。另外，由于景观灯和路灯大都毗邻业主门庭或后院（特别是别墅区），在业主装修过程中线路极有可能被改动，有的业主甚至擅自增加灯具，这样一来无形中就留下了故障隐患，给日后的保养检修设置了困难。

景观照明和路灯照明的保养与楼道灯有很多共同之处，但也有一些特殊的地方。以下几点需注意：

（1）必须熟悉各线路分布状况，线路走向，负荷情况。除了有竣工图以外，还应自备一份简洁醒目的巡查保养路线图，做到直观细化，最好划分线路点责任区域，加强责任心。

（2）一定要在物业接管初期就加大加强装修巡查巡视的力度，杜绝业主自行更改线路加大负荷的现象。如果线路与业主装修发生了碰撞，确需改动，则一定要严格进行，确保不改变容量、不缩小导线截面积、不打乱线路分布，并尽量不在暗敷的情况下留下接头。加长接线时，一定要将并接的两路线分别引出，在灯具或接线盒中接头。

（3）定期对开关控制箱进行保养测试，包含线路对地绝缘测试，漏电保护测试，观察热继电器热元件工作状况，发现隐患一定要立即处理。

（4）对于高压汞灯、镝灯（钠灯）系列，保养时尤为要小心，雨天严防水浸，调试时谨慎控制延时继电器，不要随意调节具有触发电路的灯具。灯具工作时，注意运行状况，镇流器响声是否正常，如遇重新启动，一定要让灯具有足够的冷却时间，注意不要短时间频繁地启动电路。

（5）尽量使用原始设计的灯具和灯，不要随意加大用电容量以及改变线路分布。

（6）定期检查照明灯具的情况，灯具是有寿命的，当灯具达到使用的寿命时，要及时更换。

（7）定期检查透明灯罩，并应经常擦拭，无法擦拭干净的应更换。

（8）检查灯具时要注意灯具防尘毡条要齐全，不齐全的要修换。

（9）定期检查照明线路。电线、电缆长期在外面风吹日晒，有时会因为某些原因而损坏，所以要随时注意照明线路是否保持良好状态。

 3-28　怎样检修景观照明和路灯照明？

景观照明和路灯照明线路一旦发生故障，同理，先看故障程度，如果只是个别灯具或单支路故障就相对容易处理，针对性地检查故障点或支路干线即可。如果是线路发生了短路或漏电现象，则可能要费一番周折了。检修时特别要注意那些薄弱环节、被人为动过的地方、有明显外伤或灼烧痕迹之处、特别潮湿之处等。总之，经验显示，除自然老化之外，线路突然的故障多半是因为遭受到了突然的侵袭，而且侵袭点大都很明显。而反复的故障则一般都是老毛病的再三发作。检修时要加以分析、对比，并注意观察。

线路的分段排查法在这里同样适用。与楼道照明不同的是，由于外线用电容量较大，各支路一般不采用共用中性线，而是独立分配，于控制箱中集中并联。所以就可以在控制箱中单独地检测出某一支路的相线或中性线是否接地或短路（检查漏电故障时需要将控制箱中各支路中性线分散断开），然后针对该支路进行分段排查。

在实际的保养过程中，线路被人为改动、人为增加负荷等现象可能会时有发生，而且还可能会相当严重。遇到此类情况时，来得及制止的一定要立即制止，能恢复的尽量恢复。发现故障点确系因人为改动而埋藏于墙内，除追究相关人责任外，后续处理一般分以下几种：

①定点凿破墙体，找出故障点；②线路明敷连接；③切割墙体或地面，重新暗敷。具体操作时视实际情况而定，因地制宜。

 3-29　如何检查消防应急照明？

消防应急灯具的检查与维护方法如下：

（1）标志灯具的颜色、标志信息应符合国家标准《消防应急照明和疏散指示系统》（GB 17945—2010）的要求，指示方向应与设计方向一致。

（2）照明灯具的光源及隔热情况应符合要求。

（3）安装区域的最低照度值应符合设计要求。

（4）使用的电池应与国家有关市场准入制度中的有效证明文件相符。

（5）状态指示灯指示应正常。

（6）连续3次操作试验机构，标志灯具应能完成自动转换。

（7）应急工作时间应不小于其本身标称的应急工作时间。

（8）光源与电源分开设置的照明灯具安装时，灯具安装位置应有清晰可见的消防应急灯具标识，电源的试验按钮和状态指示灯应可方便操作和观察。

 3-30　如何检测应急照明控制器？

应急照明控制器的检测项目如下：

（1）应急照明控制器应安装在消防控制室或值班室内。

（2）应急照明控制器应能控制并显示与其相连的所有消防应急灯具的工作状态，并显示应急启动时间。

（3）应急照明控制器应能防止非专业人员操作。

（4）应急照明控制器在与其相连的消防应急灯具之间的连接线开路、短路（短路时消防应急灯具转入应急状态除外）时，应发出声、光故障信号，并指示故障部位。声故障信号应能手动消除，当有新的故障信号时，声故障信号应能再启动。光故障信号在故障排除前应保持。

（5）应急照明控制器应有主、备用电源的工作状态指示，并能实现主、备用电源的自动转换，且备用电源应能保证应急照明控制器正常工作 2h。

（6）当应急照明控制器控制应急照明集中电源时，应急照明控制器应能控制并显示应急照明集中电源的工作状态（主电、充电、故障状态，电池电压、输出电压和输出电流），且在与应急照明集中电源之间连接线开路或短路时，发出声、光故障信号。

（7）应急照明控制器应能对本机及面板上的所有指示灯、显示器、音响器件进行功能检查。

（8）应急照明控制器应能以手动、自动两种方式使与其相连的所有消防应急灯具转入应急状态，且应设强制使所有消防应急灯具转入应急状态的按钮。

（9）当某一支路的消防应急灯具与应急照明控制器连接线开路、短路或接地时，不应影响其他支路的消防应急灯具和应急电源的工作。

 ## 3-31 怎样维护应急照明系统？

由于应急照明系统只有在发生紧急状况时才使用，所以经常对该系统进行检测和维护是非常重要的，及时检测和维护，以确保应急照明系统能在紧急情况下正常运行。

（1）经常对应急照明灯进行试验检查，做好应急灯具的日常维护工作。

1）检查应急灯是否完好，并对存在故障的灯具和电池进行及时的更换。

2）每月必须对应急灯具做一次 30s 的检测，以检查灯具的应急功能是否正常。

3）由于应急灯具只有在应急时才会使用，所以每两个月要进行一次充放电，以维持灯具电池的使用寿命。

4）每年对电池供电的装置做一次 90min 的检测，以确保应急灯具的正常使用。

（2）蓄电池损坏的因素比较多，如充放电不当是减少蓄电池使用寿命的主要因素，所以对蓄电池的维护十分重要。

1）保持蓄电池正常的充电，避免频繁充放电，防止过电压。

2）若应急灯存放或断电期超过三个月，则需每三个月充电一次，以保证蓄电池的质量。

3）在使用新蓄电池前应先充 20h 左右的电，还要经过 2~3 次的充放电过程，使其达到蓄电池的最佳容量。

4）蓄电池虽然带有过充保护的功能，但也要对其进行定期放电的维护，以延长蓄电池的使用寿命。

（3）要定期检查柴油发电机的通风、排烟、防潮是否良好。

Chapter ▶▶ 04

常用机电设备

❓ 4-1 电动机在物业小区动力设备中的应用有哪些？

电机是指依据电磁感应定律实现电能的转换或传递的一种电磁装置，或者将一种形式的电能转换成另一种形式的电能。电动机是将电能转换为机械能（俗称马达），发电机是将机械能转换为电能。电动机在电路中用字母"M"（旧标准用"D"）表示。它的主要作用是产生驱动转矩，作为用电器或各种机械的动力源。

在现代几乎所有的生产机械都是由电动机来拖动的。例如各种机床、轧钢机、电梯、矿井提升机、球磨机、造纸机、纺织机械、印刷机械、化工机械、电力机车、压缩机、起重机、卷扬机、碾米机、水泵、电动工具、家用电器等，可以说是数不胜数。因此，电动机是一种在国民经济中起重要作用的电气设备。

在物业小区中，采用电动机驱动的动力设备主要有电梯、中央空调、风机、水泵等。

❓ 4-2 三相异步电动机由哪几部分组成？

三相异步电动机主要由两大部分组成：一个是静止部分，称为定子；另一个是旋转部分，称为转子。转子装在定子腔内，为了保证转子能在定子内自由转动，定、转子之间必须有一定的间隙，称为气隙。此外，在定子两端还装有端盖等。笼型三相异步电动机的结构如图 4-1 所示。

扫码看视频

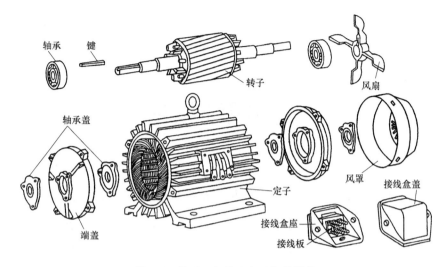

图 4-1　笼型三相异步电动机的结构

4-3　三相异步电动机应如何接线？

三相异步电动机的接法是指电动机在额定电压下，三相定子绕组 6 个首末端头的连接方法，常用的有星形（Y）和三角形（△）两种。

三相定子绕组每相都有两个引出线头，一个称为首端，另一个称为末端。按国家标准规定，第一相绕组的首端用 U1 表示，末端用 U2 表示；第二相绕组的首端和末端分别用 V1 和 V2 表示；第三相绕组的首端和末端分别用 W1 和 W2 表示。这 6 个引出线头引入接线盒的接线柱上，接线柱标出对应的符号，如图 4-2 所示（注：U 相对应于 A 相，U1、U2 分别对应于原理图中的 A、X；V 相对应于 B 相，V1、V2 分别对应于原理图中的 B、Y；W 相对应于 C 相，W1、W2 分别对应于原理图中的 C、Z）。

三相定子绕组的 6 根端头可将三相定子绕组接成星形（Y）或三角形（△）。星形联结是将三相绕组的末端连接在一起，即将 U2、V2、W2 接线柱用铜片连接在一起，而将三相绕组的首端 U1、V1、W1 分别接三相电源，如图 4-2b 所示。三角形联结是将第一相绕组的首端 U1 与第三相绕组的末端 W2 连接在一起，再接入一相电源；将

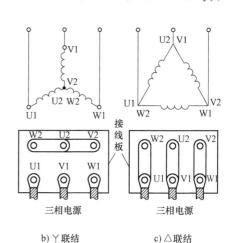

a) 原理图　　　　　　b) Y联结　　　　　　c) △联结

图 4-2　接线盒的接线方法

第二相绕组的首端 V1 与第一相绕组的末端 U2 连接在一起，再接入第二相电源；将第三相绕组的首端 W1 与第二相绕组的末端 V2 连接在一起，再接入第三相电源。即在接线板上将接线柱 U1 和 W2、V1 和 U2、W1 和 V2 分别用铜片连接起来，再分别接入三相电源，如图 4-2c 所示。一台电动机是接成星形或是接成三角形，应视生产厂家的规定而进行，可从铭牌上查得。

扫码看视频

　　三相定子绕组的首末端是生产厂家事先预定好的，绝不能任意颠倒，但可以将三相绕组的首末端一起颠倒，例如将 U2、V2、W2 作为首端，而将 U1、V1、W1 作为末端。但绝对不能单独将一相绕组的首末端颠倒，如将 U1、V2、W1 作为首端，将会产生接线错误。

4-4　如何改变三相异步电动机的旋转方向？

　　由三相异步电动机的工作原理可知，电动机的旋转方向（即转子的旋转方向）与三相定子绕组产生的旋转磁场的旋转方向相同。倘若要想改变电动机的旋转方向，只要改变旋转磁场的旋转方向就可实现。即只要调换三相电动机中任意两根电源

扫码看视频

线的位置，就能达到改变三相异步电动机旋转方向的目的，如图 4-3 所示。

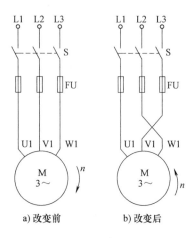

a) 改变前   b) 改变后

图 4-3　改变三相异步电动机旋转方向的方法

4-5　如何选择电动机的熔体？

熔体（或熔丝）的选择须考虑电动机的起动电流的影响，同时还应注意，各级熔体应互相配合，即下一级熔体应比上一级熔体小。选择原则如下。

1. 保护单台电动机的熔体的选择

由于笼型异步电动机的起动电流很大，故应保证在电动机的起动过程中熔体不熔断，而在电动机发生短路故障时又能可靠地熔断。因此，异步电动机的熔体的额定电流一般可按下式计算：

$$I_{rn} \geqslant (1.5 \sim 2.5) I_{N}$$

式中　I_{rn}——熔体的额定电流（A）；

　　　I_{N}——电动机的额定电流（A）。

上式中的系数（1.5~2.5）应视负载性质和起动方式而选取。对轻载起动、起动不频繁、起动时间短或减压起动者，取较小值；对重载起动、起动频繁、起动时间长或直接起动者，取较大值。当按上述方法选择系数还不能满足起动要求时，系数可大于 2.5，但应小于 3。

2. 保护多台电动机的熔体的选择

当多台电动机应用在同一系统中，采用一个总熔断器时，熔体的额定电流可按下式计算：

$$I_{rn} \geqslant (1.5 \sim 2.5) I_{N\,max} + \sum I_N$$

式中　I_{rn}——熔体的额定电流（A）；

$I_{N\,max}$——起动电流最大的一台电动机的额定电流（A）；

$\sum I_N$——除起动电流最大的一台电动机外，其余电动机的额定电流的总和（A）。

根据上式求出一个数值后，可选取等于或稍大于此值的标准规格的熔体。

另外，在选择熔断器时应注意：熔断器的额定电流应大于或等于熔体的额定电流；熔断器的额定电压应大于或等于电动机的额定电压。

 4-6　长期停用的电动机投入运行前应做哪些检查？

（1）用绝缘电阻表检查电动机绕组之间与及绕组对地（机壳）的绝缘电阻。通常对额定电压为 380V 的电动机，采用 500V 绝缘电阻表测量，其绝缘电阻值不得小于 0.5MΩ，否则应进行烘干处理。

（2）按电动机铭牌的技术数据，检查电动机的额定功率是否合适，检查电动机的额定电压、额定频率与电源电压及频率是否相符，并检查电动机的接法是否与铭牌所标一致。

（3）检查电动机轴承是否有润滑油，滑动轴承是否达到规定油位。

（4）检查熔体的额定电流是否符合要求，起动设备的接线是否正确，起动装置是否灵活，有无卡滞现象，触头的接触是否良好。使用自耦变压器减压起动时，还应检查自耦变压器抽头是否选得合适，自耦变压器减压起动器是否缺油，油质是否合格等。

（5）检查电动机基础是否稳固，螺栓是否拧紧。

（6）检查电动机机座、电源线钢管以及起动设备的金属外壳接地是否可靠。

（7）对于绕线转子三相异步电动机，还应检查电刷及提刷装置是否灵活、正常。检查电刷与集电环接触是否良好，电刷压力是否合适。

4-7　正常使用的电动机起动前应做哪些检查?

（1）检查电源电压是否正常,三相电压是否平衡,电压是否过高或过低。

（2）检查线路的接线是否可靠,熔体有无损坏。

（3）检查联轴器的连接是否牢固,传动带连接是否良好,传动带松紧是否合适,机组传动是否灵活,有无摩擦、卡住、窜动等不正常的现象。

（4）检查机组周围有无妨碍运动的杂物或易燃物品。

 4-8　电动机起动时有哪些注意事项?

异步电动机起动时应注意以下几点:

（1）合闸起动前,应观察电动机及拖动机械上或附近是否有异物,以免发生人身及设备事故。

（2）操作开关或起动设备时,应动作迅速、果断,以免产生较大的电弧。

（3）合闸后,如果电动机不转,要迅速切断电源,检查熔丝及电源接线等是否有问题。绝不能合闸等待或带电检查,否则会烧毁电动机或发生其他事故。

（4）合闸后应注意观察,若电动机转动较慢、起动困难、声音不正常或生产机械工作不正常,电流表、电压表指示异常,都应立即切断电源,待查明原因,排除故障后,才能重新起动。

（5）应按电动机的技术要求,限制电动机连续起动的次数。对于Y系列电动机,一般空载连续起动不得超过3~5次。满载起动或长期运行至热态,停机后又起动的电动机,不得连续超过2~3次,否则容易烧毁电动机。

（6）对于笼型电动机的星-三角起动或利用补偿器起动,若是手动延时控制的起动设备,应注意起动操作顺序和控制好延时长短。

（7）多台电动机应避免同时起动,应由大到小逐台起动,以避免线路上总起动电流过大,导致电压下降太多。

4-9　三相异步电动机运行中应进行哪些监视？

　　正常运行的异步电动机，应经常保持清洁，不允许有水滴、油滴或杂物落入电动机内部；应监视其运行中的电压、电流、温升及可能出现的故障现象，并针对具体情况进行处理。

　　（1）电源电压的监视。三相异步电动机长期运行时，一般要求电源电压不高于额定电压的 10%，不低于额定电压的 5%；三相电压不对称的差值也不应超过额定值的 5%，否则应减载或调整电源。

　　（2）电动机电流的监视。电动机的电流不得超过铭牌上规定的额定电流，同时还应注意三相电流是否平衡。当三相电流不平衡的差值超过 10% 时，应停机处理。

　　（3）电动机温升的监视。监视温升是监视电动机运行状况的直接可靠的方法。当电动机的电压过低、电动机过载运行、电动机断相运行、定子绕组短路时，都会使电动机的温度不正常地升高。

　　所谓温升，是指电动机的运行温度与环境温度（或冷却介质温度）的差值。例如环境温度（即电动机未通电的冷态温度）为 30℃，运行后电动机的温度为 100℃，则电动机的温升为 70℃。电动机的温升限值与电动机所用绝缘材料的绝缘等级有关。

　　没有温度计时，可在确定电动机外壳不带电后，用手背去试电动机外壳温度。若手能在外壳上停留而不觉得很烫，说明电动机未过热；若手不能在外壳上停留，则说明电动机已过热。

　　（4）电动机运行中故障现象的监视。对运行中的异步电动机，应经常观察其外壳有无裂纹、螺钉（栓）是否有脱落或松动、电动机有无异响或振动等。监视时，要特别注意电动机有无冒烟和异味出现，若嗅到焦糊味或看到冒烟，必须立即停机处理。

　　对轴承部位，要注意轴承的声响和发热情况。当用温度计法测量时，滚动轴承发热温度不许超过 95℃，滑动轴承发热温度不许超过 80℃。轴承声音不正常和过热，一般是轴承润滑不良或磨损严重所致。

　　对于联轴器传动的电动机，若中心校正不好，会在运行中发出响声，并伴随着电动机的振动和联轴器螺栓、胶垫的迅速磨损。这时应重新校正中心线。

对于带传动的电动机，应注意传动带不应过松而导致打滑，但也不能过紧而使电动机轴承过热。

对于绕线转子异步电动机还应经常检查电刷与集电环间的接触及电刷磨损、压力、火花等情况。如发现火花严重，应及时整修集电环表面，校正电刷弹簧的压力。

另外，还应经常检查电动机及开关设备的金属外壳是否漏电和接地不良。用验电笔检查发现带电时，应立即停机处理。

4-10 在什么情况下应测量电动机的绝缘电阻？

在下列情况下应测量电动机的绝缘电阻：

（1）新品电动机安装投入运行前。

（2）停止使用 3 个月及以上的电动机，再次投入运行前。

（3）做备用的电动机投入运行前。

（4）电动机大修和小修时。

（5）电动机受潮后。

对于额定电压为 500V ~ 3kV 的电动机，应用 1000V 绝缘电阻表测量；对于额定电压在 500V 以下的电动机，应用 500V 绝缘电阻表测量。

4-11 如何测量电动机的绝缘电阻？

用绝缘电阻表测量电动机绝缘电阻的方法如图 4-4 所示，测量步骤如下：

扫码看视频

（1）校验绝缘电阻表。把绝缘电阻表放平，将绝缘电阻表测试端短路，并慢慢摇动绝缘电阻表的手柄，指针应指在"0"位置上；然后将测试端开路，再摇动手柄（约 120r/min），指针应指在"∞"位置上。测量时，应将绝缘电阻表平置放稳，摇动手柄的速度应均匀。

（2）将电动机接线盒内的连接片拆去。

（3）测量电动机三相绕组之间的绝缘电阻。将两个测试夹分别接到任意两相绕组的端点，以 120r/min 左右的匀速摇动绝缘电阻表

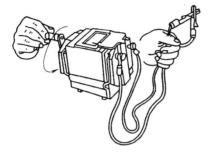

a) 校验绝缘电阻表

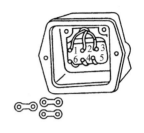

b) 拆去电动机接线盒中的连接片

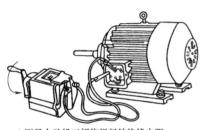

c) 测量电动机三相绕组间的绝缘电阻

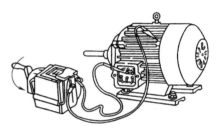

d) 测量电动机绕组对地(机壳)的绝缘电阻

图 4-4　用绝缘电阻表测量电动机的绝缘电阻

1min 后，读取绝缘电阻表指针稳定的指示值。

（4）用同样的方法，依次测量每相绕组与机壳的绝缘电阻。但应注意，绝缘电阻表上标有"E"或"接地"的接线柱应接到机壳上无绝缘的地方。

测量单相异步电动机的绝缘电阻时，应将电容器拆下（或短接），以防将电容器击穿。

 4-12　如何改变分相式单相异步电动机转向？

分相式单相异步电动机旋转磁场的旋转方向与主、副绕组中电流的相位有关，由具有超前电流的绕组的轴线转向具有滞后电流的绕组的轴线。如果需要改变分相式单相异步电动机的转向，可把主、副绕组中任意一套绕组的首尾端对调一下，接到电源上即可（见图 4-5）。

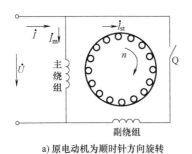
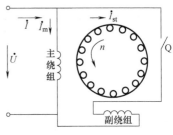

a) 原电动机为顺时针方向旋转　　　　b) 将副绕组反接后为逆时针方向旋转

图 4-5　将副绕组反接改变分相式单相异步电动机的转向

 4-13　如何改变罩极式单相异步电动机转向？

罩极式单相异步电动机转子的转向总是从磁极的未罩部分转向被罩部分，即使改变电源的接线，也不能改变电动机的转向。如果需要改变罩极式单相异步电动机的转向，则需要把电动机拆开，将电动机的定子或转子反向安装，才可以改变其旋转方向，如图 4-6 所示。

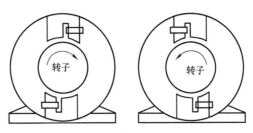

a) 调头前转子为顺时针方向旋转　b) 调头后转子为逆时针方向旋转

图 4-6　将定子掉头装配来改变罩极式单相异步电动机的转向

 4-14　如何正确使用单相异步电动机？

使用单相异步电动机时应注意以下几点：

（1）改变分相式单相异步电动机的旋转方向时，应在电动机静止时或电动机的转速降低到离心开关的触头闭合后，再改变电动机的接线。

扫码看视频

（2）单相异步电动机接线时，应正确区分主、副绕组，并注意它们的首尾端。若绕组出线端的标志已脱落，电阻大的绕组一般为副绕组。

（3）更换电容器时，应注意电容器的型号、电容量和工作电压，使之与原规格相符。

（4）拆装离心开关时，用力不能过猛，以免离心开关失灵或损坏。

（5）离心开关的开关板与后端盖必须紧固，开关板与定子绕组的引线焊接必须可靠。

（6）紧固后端盖时，应注意避免后端盖的止口将离心开关的开关板与定子绕组连接的引线切断。

 4-15 怎样检修单相异步电动机的离心开关？

1. 离心开关短路的检修

离心开关发生短路故障后，当单相异步电动机运行时，离心开关的触头不能切断副绕组与电源的连接，将会使副绕组发热烧毁。

造成离心开关短路的原因，可能是由于机械构件磨损、变形；动、静触头烧熔黏结；簧片式开关的簧片过热失效、弹簧过硬；甩臂式开关的铜环极间绝缘击穿以及电动机转速达不到额定转速的80%等。

对于离心开关短路故障的检查，可采用在副绕组线路中串入电流表的方法。电动机运行时如副绕组中仍有电流通过，则说明离心开关的触头失灵而未断开，这时应查明原因，对症修理。

2. 离心开关断路的检修

离心开关发生断路故障后，当单相异步电动机起动时，离心开关的触头不能闭合，所以不能将电源接入副绕组。电动机将无法起动。

造成离心开关断路的原因，可能是触头簧片过热失效、触头烧坏脱落，弹簧失效以致无足够张力使触头闭合，机械机构卡死，动、静触头接触不良，接线螺钉松动或脱落，以及触头绝缘板断裂等。

对于离心开关断路故障的检查，可采用电阻法，即用万用表的电阻档测量副绕组引出线两端的电阻。正常时副绕组的电阻一般为几百欧左右，如果测量的电阻值很大，则说明起动回路有断路故障。若进一步检查，可以拆开端盖，直接测量副绕组的电阻，如果电阻值正常，则说明离心开关发生断路故障。此时，应查明原因，找出故障点予以修复。

 4-16 怎样检修单相异步电动机的电容器?

1. 电容器的常见故障及其可能原因

（1）过电压击穿。电动机如果长期在超过额定电压的情况下工作，将会使电容器的绝缘介质被击穿而造成短路或断路。

（2）电容器断路。电容器经长期使用或保管不当，致使引线、引线端头等受潮腐蚀、霉烂，引起接触不良或断路。

2. 电容器常见故障的检查方法

通常用万用表电阻档可检查电容器是否击穿或断路（开路）。将万用表拨至×10kΩ 或×1kΩ 档，先用导线或其他金属短接电容器两接线端进行放电，再用万用表两只表笔接电容器两出线端。根据万用表指针摆动可进行判断：

（1）指针先大幅度摆向电阻零位，然后慢慢返回数百千欧位置，则说明电容器完好。

（2）若指针不动，则说明电容器已断路（开路）。

（3）若指针摆到电阻零位不返回，则说明电容器内部已击穿短路。

（4）若指针摆到某较小阻值处，不再返回，则说明电容器泄漏电流较大。

 4-17 物业小区给排水系统由哪几部分组成?

给排水系统是为人们的生活、生产、市政和消防提供用水和废水排除设施的总称。

给排水系统是任何建筑都必不可少的重要组成部分。一般建筑物的给排水系统包括生活给水系统、生活排水系统和消防系统，这几个系统都是楼宇自动化系统重要的监控对象。

由于消防给水系统与火灾自动报警系统、消防自动灭火系统密切相关，国家技术规范规定消防给水应由消防系统统一控制管理，因此，消防给水系统由消防联动控制系统进行控制。

生活给水系统主要是对给水系统的状态、参数进行监控，保证系统的运行参数满足建筑的供水要求以及供水系统的安全。

4-18　什么是二次供水？

通常人们所称的二次供水，是指单位或个人将城市公共供水或自建设施供水经存储、加压，通过管道再供用户或自用的形式，因此，二次供水是高层供水的唯一选择方式。二次供水设施是否按规定建设、设计及建设的优劣直接关系到二次供水水质、水压和供水安全，与人民群众正常稳定的生活密切相关。

二次供水的主要形式有以下几种：

（1）不设地下水池和不用水泵加压的二次供水，如屋顶水箱、水塔。

（2）设地下水池和水泵加压的二次供水，如加压后经屋顶水箱、气压罐、变频调速水泵的二次供水。

（3）不设地下水池，在管道上直接加压的二次供水。

4-19　变频恒压供水是怎样实现的？

由于安全生产和供水质量的特殊需要，对恒压供水压力有着严格的要求，因而变频调速技术得到了更加深入的应用。恒压供水方式技术先进、水压恒定、操作方便、运行可靠、节约电能、自动化程度高，在泵站供水中可完成以下功能：

（1）维持水压恒定。

（2）控制系统可手动/自动运行变频恒压供水控制柜。

（3）多台泵自动切换运行。

（4）系统睡眠与唤醒，当外界停止用水时，系统处于睡眠状态，直至有用水需求时自动唤醒。

（5）在线调整 PID 参数。

（6）泵组及线路保护检测报警，信号显示等。

将管网的实际压力经反馈后与给定压力进行比较，当管网压力不足时，变频器增大输出频率，水泵转速加快，供水量增加，迫使管网压力上升。反之，水泵转速减慢，供水量减小，管网压力下降，保持恒压供水。

SB200 系列变频器在变频恒压供水装置上的应用如图 4-7 所示。

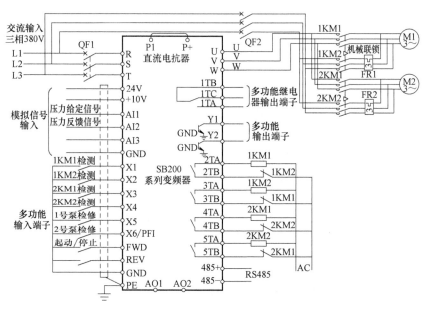

图 4-7　SB200 系列变频器应用于变频恒压供水
（一控二系统）的接线

图 4-7 中为变频一控二，即一台变频器控制两台水泵，运行中只有一台水泵处于变频运行状态。循环投切系统中，M1、M2 分别为驱动 1#、2#水泵的电动机，1KM1、2KM1 分别为 1#、2#水泵变频运转控制接触器，1KM2、2KM2 分别为 1#、2#水泵工频运转控制接触器，1KM1、1KM2、2KM1、2KM2 由变频器内置继电器控制，四个接触器的状态均可通过可编程输入端子进行检测，如图 4-7 中 X1～X4 所示；当 1#或 2#水泵在运行中出现故障时，可以通过输入相应检修指令，让该故障水泵退出运行，非故障水泵继续保持运行，以保证系统供水能力；压力给定信号可通过端子模拟输入信号或数字给定，反馈信号可为电流或电压信号，也可为两个信号的运算结果作为反馈信号。

4-20　如何进行变频器的日常检查?

变频器的日常检查和定期检查主要目的是尽早发现异常现象,清除尘埃、紧固检查、排除事故隐患等。在通用变频器运行过程中,可以从设备外部目视检查运行状况有无异常,通过键盘面板转换键查阅变频器的运行参数,如输出电压、输出电流、输出转矩、电动机转速等,掌握变频器日常运行值的范围,以便及时发现变频器及电动机问题。

日常检查包括不停止变频器运行或不拆卸其盖板进行通电和启动试验,通过目测变频器的运行状况,确认有无异常情况,通常检查以下内容:

(1) 键盘面板显示是否正常,有无缺少字符。仪表指示是否正确、是否有振动、振荡等现象。

(2) 冷却风扇部分是否运转正常,是否有异常声音等。

(3) 变频器及引出电缆是否有过热、变色、变形、异味、噪声、振动等异常情况。

(4) 变频器周围环境是否符合标准规范,温度与湿度是否正常。

(5) 变频器的散热器温度是否正常。

(6) 变频器控制系统是否有集聚尘埃的情况。

(7) 变频器控制系统的各连接线及外围电气元件是否有松动等异常现象。

(8) 检查变频器的进线电源是否异常,电源开关是否有电火花、断相、引线压接螺栓松动等,电压是否正常。

(9) 检查电动机是否有过热、异味、噪声、振动等异常情况。

4-21　如何进行变频器的定期检查?

对变频器进行定期检查时,要切断电源,停止变频器运行并卸下变频器的外盖。主要检查不停止运转而无法检查的地方或日常难以发现问题的地方,以及电气特性的检查、调整等,都属于定期检查的范围。检查周期根据系统的重要性、使用环境及设备的统一检修计划等综合情况来决定,通常为 6 ~12 个月。

开始检查时应注意，变频器断电后，主电路滤波电容器上仍有较高的充电电压，放电需要一定时间，一般为5~10min，必须等待充电指示灯熄灭，并用电压表测试确认充电电压低于DC25V以下后才能开始作业。主要的检查项目如下：

（1）周围环境是否符合规范。

（2）用万用表测量主电路、控制电路电压是否正常。

（3）显示面板是否清楚，有无缺少字符。

（4）框架结构有无松动，导体、导线有无破损。

（5）检查滤波电容器有无漏液，电容量是否降低。高性能的变频器带有自动指示滤波电容器容量的功能，由面板可显示出电容量，并且给出出厂时该电容器的容量初始值，并显示容量降低率，推算出电容器的寿命。普及型通用变频器则需要用电容量测试仪测量电容量，测出的电容量应大于初始电容量的85%，否则应予以更换。

（6）电阻、电抗、继电器、接触器的检查，主要看有无断线。

（7）印制电路板的检查应注意连接有无松动、电容器有无漏液、板上线条有无锈蚀、断裂等。

（8）冷却风扇和通风道检查。

 4-22　如何进行水泵的维护保养？

水泵有些问题或故障在停机状态或短时间运行时是不会出现或产生的，必须运行较长时间才能出现或产生。因此，运行检查工作是不可缺少的一个重要环节。同时，这种检查的内容也是水泵日常运行时需要运行值班人员经常关照的常规检查项目，应给予充分重视。

（1）检查电动机的温升是否过高、有无异味产生。

（2）轴承温度不得超过周围环境温度35~40℃，轴承的极限最高温度不得高于70℃。

（3）轴封处（除规定要滴水的形式外）、管接头均无漏水现象。

（4）无异常噪声和振动。

（5）地脚螺栓和其他各连接螺栓的螺母无松动。

（6）基础台下的减振装置受力均匀，进出水管处的软接头无明显变形，都起到了减振和隔振作用。

（7）电流在正常范围内。

（8）压力表指示正常且稳定，无剧烈抖动。

为了使水泵能安全、正常地运行，为整个中央空调系统的正常运行提供基本保证，要做好其起动前、起动以及运行中的检查工作，保证水泵有一个良好的工作状态，发现问题能及时解决，出现故障能及时排除。

4-23 如何保养给排水设备？

1. 给排水设备（设施）检查保养周期

（1）水泵机组及附件外观清洁擦洗、除污工作应每月进行一次。

（2）压力表指示显示不正常，检查更换不定期。

（3）电动机主回路、控制回路测试、检查、紧固工作每半年进行一次。

（4）水泵轴端密封如渗漏超标，更换机械密封不定期。

（5）电动机轴承、水泵轴承加注 2#二硫化钼锂基脂工作应每半年进行一次。

（6）管道外观如渗漏，补漏；如锈蚀，除锈、刷防锈漆和面漆不定期。

（7）阀门外观阀杆漏水，压紧螺栓；如锈蚀，除锈、刷防锈漆和面漆不定期

（8）生活水泵、空调冷却泵、空调冷冻水泵每半年进行一次全面保养。

（9）消防泵和喷淋泵、提升泵每三月进行一次试运行，运行时间1min，每年进行一次全面保养。

（10）排污泵每年进行一次全面保养。

2. 泵体的保养

（1）被检查泵体应无破损，铭牌齐全，水流方向指示明确清晰，外观整洁，油漆完好。

（2）检查、补充润滑油脂，若油质变色或有杂质，应予更换。

（3）检查水泵轴端密封情况，若有漏水超出 10 滴/min，应拆开检查机械密封，发现严重磨损或出现开裂情况应准备更换机械密封。

（4）联轴器的联接螺栓和橡胶垫圈若有损坏应予更换。

（5）紧固机座螺钉并做防锈处理。

（6）生活水泵和空调水泵因运转频繁，每年应拆开联轴器两端轴承进行清洗或更换。

3. 水泵电动机的保养

（1）外观检查应整洁，铭牌齐全，接地线连接良好。

（2）拆开电动机接线盒内的导线连接片，用 500 V 绝缘电阻表摇测电动机绕组相与相、相对地间的绝缘电阻值应不低于 0.5MΩ。

（3）电动机接线盒内三相导线及连接片应牢固紧密，无老化现象。

4. 相关阀门、管道及附件的保养

（1）各个阀门的开关应灵活可靠，内外无渗漏。

（2）单向阀动作应灵活，阀体内外无漏水。

（3）压力表指示准确，表盘清晰。

（4）管道及各附件外表整洁美观，无裂纹，油漆应完整无脱落。

5. 控制柜的保养

（1）断开控制柜总电源，检查各转换开关，起动、停止按钮动作应灵活可靠。

（2）检查柜内断路器、接触器、继电器等电器是否完好，紧固各电器接触线头和接线端子的接线螺钉。

（3）清洁控制柜内外灰尘。

（4）合上总电源，检查电源指示是否正常。

（5）保养完毕按规定要求起动水泵，观察电流表、指示灯指示是否正常。

（6）观察水泵运转是否平稳，无明显振动和异响，压力表指示正常，控制柜各电器无不良噪声。

❓ 4-24 怎样处理给排水设备的故障？

（1）供水泵出现故障时，当班水工应马上启用备用泵，然后立即通知管理处组织有关人员及时维修。

（2）排污泵出现故障时，首先检查故障原因，如是控制回路出现

故障，检查排除；如是水泵故障，则维修水泵。

（3）供水管网出现故障，发生泄漏影响正常供水，当班水工应立即关闭上端阀门，及时通知管理处组织有关人员抢修，并做好受影响用户的解释工作。

（4）排污井、雨水井等因堵塞造成下水不畅、浸水等，立即电话通知维修人员疏通。

4-25　中央空调运行前应进行哪些检查准备工作？

集中式空调系统（中央空调）通常包括空气处理设备，冷源和热源，空调风系统，空调水系统，控制、检测和保护系统 5 个部分。

设备运行前的检查准备工作如下：

（1）首先查看主机、副机的电源是否接通，查看电压表是否正常，电压波动值不应超过设计值的 ±10%。

（2）检查冷冻水系统及冷却水系统是否已充满水，若未充满水，应查找原因，排除故障，补水至满液状态。

（3）查看管道上的阀门，电动阀门是否处于工作状态，如有误动，须恢复到正常状态。

（4）查看各种信号指示灯指示是否正常等。

（5）停用一周以上，重新开机启用，必须先预热 24h。

（6）查看上班的运行记录，了解主机状况。如主机为故障停机，先查看计算机的警报信息，排除故障后才能开机（1h 内不得超过两次起动）。

（7）测量室内外的温湿度，根据气象条件和用户情况确定运行方案。

4-26　怎样正确使用中央空调？

1. 开机及运行操作

（1）起动冷冻水泵，先起动一台，当运行平稳后再起动其余水泵（备用泵除外）。

（2）起动冷却水泵，运行平稳后，起动冷却塔的风机。如果室外温度很低，也可起动一台或不起动。但要保证冷却效果。

（3）水系统起动以后，注意观察电流、电压、水量、水压是否正常，泵和电动机运转有无异常响动，若有异常，立即停机检查。

（4）一切正常后过 5～10min 起动主机，压缩机起动后，观察压缩机运行电流，压缩机的吸排气压力，观察压差、回油情况，出水的温度和运转声音，检查有无异常振动、噪声或异常气味，确定一切正常后说明起动成功。

（5）主机运转后将风机盘管总开关打开，再根据用户情况打开或关闭分层控制开关。

（6）注意 1h 内起动次数不得超过 4 次。

（7）整个系统起动以后，要全面巡视一遍，观察参数及运转情况有无异常。系统正常运转以后，应每小时做一次运行记录。

2. 中央空调的开机调试

（1）打开空调主机面板后选择模式（制冷/制热），所有风机盘管控制面板模式（制冷/制热）必须与主机控制面板模式保持一致，若主机控制面板显示故障代码时，应先检查故障原因，等故障排除后再开机调试。

（2）开机后检查空调主机和风机盘管运行是否正常，若发现主机控制面板出现其他故障代码，应先查明原因排除故障再开机调试，若风机盘管不出风或面板不显示，应检查线路。

（3）调温在空调主机控制面板操作（注意：出厂设置温度已经调好，一般情况不得改动），若调试房间温度，应在风机盘管控制面板操作。

（4）检查水系统压力是否正常。

 4-27　如何进行中央空调的停机操作？

1. 停机操作

（1）关掉压缩机的电源，但保留总电源，以使主机处于预热状态，若要长时间停机应关闭总电源，然后再关闭冷冻泵。

（2）在关闭冷冻泵时，先关闭冷冻泵出口的阀门，然后再关闭冷冻泵，以免引起管道的剧烈振动，停泵后再将阀门开启到正常位置。

（3）停机应先停压缩机和送风机，然后让循环水系统运转几分钟，再停水泵和冷却塔风机。

（4）确认无异常情况，说明停机成功。向下一班交代机组运行状况。

2. 事故停机操作

（1）主机发生故障，应立即切断电源，并通知有关人员检修。

（2）副机发生故障，应立即关闭副机电源，通知检修。

（3）停电时应关掉主、副机控制开关，保留电源指示，恢复供电后，重新开启运行。

（4）发生火灾时，立即关掉主、副机电源。

 4-28　如何起动中央空调的水泵？

在中央空调系统的水系统中，不论是冷却水系统还是冷冻水系统，驱动水循环流动所采用的水泵绝大多数是各种卧式单级单吸清水泵。和风机一样，水泵也是中央空调系统中流体输送的关键设备。

（1）水泵轴承的润滑油要充足，润滑情况良好。

（2）检查水泵及电动机的地脚螺栓与联轴器螺栓无脱落或松动。

（3）将水泵及进水管部分全部充满水，吸入管路不准有存气或漏气现象。当从手动放气阀放出的水没有气时即可认定。如果能将出水管也充满水，则更有利于一次开机成功。

（4）为了避免起动电流过大，起动前应关闭出口阀门，起动后，慢慢打开。如装有电磁阀，则手动阀应是开启的，电磁阀为关闭的，同时要检查电磁阀开关的动作是否正确可靠。

（5）检查各部位是否正常，起动前应用手盘动泵几圈，以使润滑液进入机械密封端面，以免突然起动，造成机封损坏。

（6）检查水泵是否真正"转"起来了。例如，泵轴（叶轮）的旋转方向就要通过点动电动机来看是否正确，转动是否灵活。

 4-29　中央空调运行时应该如何进行巡视监控？

中央空调的运行管理是指在中央空调运行过程中，运行人员对系统中的规定部位进行巡视，并明确巡视的内容以及出现异常事故后的处理规定，使空调运行值班人员依照规程运行管理，以保证设备运行正常，少出故障。

中央空调设备设施在正常运行过程中，值班人员应每隔2h巡视一次中央空调机组。值班员在巡视检查过程中，如发现情况应及时采取措施，若出现无法处理的异常情况，应报告工程部空调管理组，请求支援。管理组派维修组人员及时到场，运行组人员协助维修组人员处理情况。

巡视的部位主要包括中央空调的主机、冷却塔、控制柜及管道、闸阀附件。在运行巡视过程中，巡视内容主要有以下几个方面：

（1）检查电压表指示是否正常，正常情况下为380V，不能超过额定值的±10%。

（2）检查三相电流是否平衡，是否超过额定电流值。

（3）检查油压表是否正常，油压是否在正常范围。

（4）检查冷却水的进水、出水温度（进水温度正常<35℃，出水温度正常<40℃）。

（5）检查冷冻水的进水、出水温度（进水温度正常为10~18℃，出水温度正常为6~8℃）。

（6）查看主机在运转过程中是否有异常振动或噪声。

（7）查看冷却塔风机运转是否平稳，冷却塔水位是否正常。

（8）检查管道、阀门是否渗漏，冷冻保温层是否完好。

（9）检查控制柜各元件动作是否正常，有无异常的气味或噪声等。

 4-30 如何处理中央空调的异常情况？

1. 制冷剂泄漏的处理

发现制冷剂有泄漏现象，值班人员应立即关停中央空调主机，并关闭相关的阀门，打开机房的门窗或通风设施加强现场通风，立即告知值班主管，请求支援，救护人员进入现场应穿防毒衣，头戴防毒面具。对不同程度的中毒者采取不同的处理方法。

（1）对于中毒较轻者，如出现头痛、呕吐、脉搏加快应立即转移到通风良好的地方。

（2）对于中毒严重者，应进行人工呼吸或送医院。

（3）立即寻找泄漏部位，排除泄漏源，起动中央空调试运行，确认不再泄漏后机组方可运行。

2. 机房内发生水浸时的处理

当中央空调机房值班员发现水浸情况时，应按程序首先关掉中央空调机组，拉下总电源开关，然后查找漏水源并堵住漏水源。

（1）如果漏水比较严重，在尽力阻滞漏水时，应立即通知工程部主管和管理组，请求支援。

（2）漏水源堵住后应立即排水。

（3）当水排除完毕后，应对所有湿水设备进行除湿处理，可以采用干布擦拭、热风吹干、自然通风或更换相关的管线等办法。

（4）确定湿水已消除，绝缘电阻符合要求后，开机试运行。没有异常情况可以投入正常运行。

3. 发生火灾的处理

确认的火警应在第一时间内向消防管理中心和 119 报警，立即开展扑灭火灾的工作，例如，就近取灭火器材迅速扑灭火源，积极疏散受影响的住户，抢救被困人员，将易燃易爆物品迅速撤离火源及毗邻场所，尽力抢救公司财产，保护住户生命财产安全。

若是机房电器发生火灾，值班电工应先切断一切电源（在切断电源后应开通应急照明电源），打开所有安全通道，引导住户、顾客有序地撤离；同时选用"1211"、干粉和 CO_2 等灭火器直接喷射火源处，如果是有油的电源设备（如变压器、油开关）着火时，也可用干燥的黄沙盖住火焰，使火熄灭，装有自动灭火装置的场所，直接开启自动灭火装置施放药剂灭火。

4-31　中央空调机房管理有哪些规定？

中央空调的操作管理主要是对中央空调主要设备，如制冷机、冷冻水泵、冷却水泵的开机、停机操作程序及规程的管理。值班人员应严格按照规程操作，避免出现异常情况引发事故，造成重大损失。

（1）空调机房平时应上锁，钥匙由空调工保管。未经许可，禁止非工作人员入内。

（2）保持机房内良好的通风和照明。

（3）空调运行时，值班员应按时巡查，检查各项运行参数、状态是否正常，如有问题，应及时调整处理，并做好记录。

（4）定期清洗系统的过滤网和过滤器，保证送风管道和水管道的通畅。

（5）每周对主、副机和机房进行一次清洁，并做好设备房的消毒灭鼠工作。

（6）每半年对主、副机进行一次全面检查保养，确保机组的良好运行。

 4-32 如何维护保养中央空调的冷水机组？

一般情况下，冷水机组的运行间歇可分为日常停机和年度停机，在不同性质的停机时间，维护保养的范围、内容及深度要求各不相同。现以离心式冷水机组为例介绍，其他类型的冷水机组可供参考。

1. 日常停机时，离心式冷水机组应做好的维护保养工作

（1）给导叶控制联动装置轴承、导叶操作轴、球连接和支点等加润滑油。

（2）检查机组内的油位高度是否正常，油量不足时应立即补充。

（3）检查油加热器是否处于"自动"加热状态，油箱内的油温是否控制在规定温度范围，如果达不到要求，应立即查明原因，进行处理。

（4）检查制冷剂液位高度是否正常，结合机组运行时的情况，如果表明系统内制冷剂不足，应及时予以补充。

（5）检查判断系统内是否有空气，如果有，要及时排放。

（6）检查电线是否发热，接头是否有松动。

2. 离心式冷水机组在年度停机时，应做好的相关维护保养工作

（1）检查各接线端子并加强紧固。

（2）清理各接触器的触头。

（3）测量主电动机的绝缘电阻，检查其是否符合机组规定的数值。

（4）检查电源交流电压和直流电压是否正常，校准各电流表和电压表。

（5）校正压力传感器。

（6）检查测温探头是否正常。

（7）检查各安全保护装置的整定值是否符合规定要求。

（8）清洁浮球阀室内部过滤网及阀体，手动浮球阀各组件，看其动作是否灵活轻巧，检查过滤网和盖板垫片，有破损要更换。

（9）手动检查导叶开度是否与控制指示同步，并处于全关闭位置；传动构件连接是否牢固。

（10）不论是否已用化学方法清洗，每年都必须采用机械方法清洗一次冷凝器中的水管。

（11）由于蒸发器通常是冷冻水闭式循环系统的一部分，一般每三年清洗一次其中的水管即可。

（12）更换油过滤芯、油过滤网；根据油质情况，决定是否更换新冷冻油。

（13）更换干燥过滤器。

（14）对制冷系统进行抽真空、加氮气保压、检漏。

（15）停机期间，要求每周一次手动操作油泵运行 10min。

（16）在停机过冬时，如果有可能发生水冻结的情况，则要将冷凝器和蒸发器中的水全部排空。

 ## 4-33　如何维护保养中央空调的风机？

风机的检查分为停机检查和运行检查，检查时风机的状态不同，检查内容也不同。风机的维护保养工作一般是在停机时进行的。

1. 停机检查及维护保养工作

风机停机不使用可分为日常停机（如白天使用，夜晚停机）或季节性停机（如每年 4~11 月份使用，12~3 月份停机）。从维护保养的角度出发，停机（特别是日常停机）时主要应做好以下几方面的工作：

（1）传动带松紧度检查。对于连续运行的风机，必须定期（一般一个月）停机检查调整一次；对于间歇运行（如一般写字楼的中央空调系统一天运行 10h 左右）的风机，则应在停机不用时进行检查调整工作，一般也是一个月做一次。

（2）各连接螺栓螺母紧固情况检查。在做上述传动带松紧度检查时，同时进行风机与基础或机架、风机与电动机以及风机自身各部分（主要是外部）连接螺栓螺母是否松动的检查紧固工作。

（3）减振装置受力情况检查。在日常运行值班时要注意检查减振装置是否发挥了作用，是否工作正常。主要检查各减振装置是否受力均匀，压缩或拉伸的距离是否都在允许范围内，有问题要及时调整和更换。

（4）轴承润滑情况检查。风机如果常年运行，轴承的润滑脂应半年左右更换一次；如果只是季节性使用，则一年更换一次。

2. 运行检查工作

风机有些问题和故障只有在运行时才会反映出来，需要通过运行管理人员的摸、看、听及借助其他技术手段去及时发现风机运行中是否存在问题和故障。因此，运行检查工作是不能忽视的一项重要工作，其主要检查内容有：电动机温升情况、轴承温升情况（不能超过60℃）、轴承润滑情况、噪声情况、振动情况、转速情况等。

如果发现上述情况有异常，应进行及时处理，避免产生事故，造成损失。

 4-34　如何维护保养中央空调的冷却塔？

冷却塔的保养检修内容包括检查并清洁喷淋头，清洗风扇电动机的叶轮、叶片，整理填料等。

1. 冷却塔喷淋头（喷嘴）的检修保养

冷却塔喷淋头的检修清洗方法有手工清洗和化学清洗两种。

（1）手工清洗。其方法是，将喷嘴拆开，把卡在喷嘴芯里的杂物取出来，用清水洗刷后再组装成套，在操作中要小心，不要损伤丝扣。

（2）化学清洗。其方法是，将喷嘴浸入浓度为 20%～30% 的硫酸水溶液中，浸泡 60min，喷嘴中的水垢和污垢可全部清除，然后再用清水对喷嘴清洗两次，直到清水的 pH 值为 7 时为止，以防冷却水将喷嘴中的酸性物质带入系统而造成管道的腐蚀加剧。

化学清洗后的废酸液不可直接排入地沟，应向废溶液中加入碳酸钠进行中和，使其 pH 值接近 6.5~7.5 时再进行排放。

在清洗、检修喷嘴的同时，也应同时进行喷淋管的清洁和防腐处理，其方法是，每年停机后应立即对其进行除锈刷漆，不能用油脂，以防油脂污染冷却水。在每年的维修保养工作中切不可忽视对喷嘴丝头的防腐处理，否则，一两年以后，在运行期间会发生喷嘴脱落，使喷淋水呈柱状倾泻而下，会把填料砸成碎片，落入冷却水中，严重时会堵塞冷却水管道。

2. 冷却塔风机叶轮、叶片的检修保养

（1）由于冷却塔风机叶轮、叶片长期工作在高湿环境中，因此，其金属叶片腐蚀严重。为了减缓腐蚀，每年停机后应立即将叶轮拆下，彻底清除腐蚀物，并做静平衡校验后，均匀涂刷防锈漆和酚醛漆各一次。检修后应将叶轮装回原位，以防变形。

（2）在机组停机期间，冷却风机的大直径玻璃钢叶片很容易变形，尤其是在冬季，大量积雪会使叶片变形严重。解决这个问题的方法是，停机后将叶片旋转 90°，使叶片垂直于地面。若将叶片拆下分解保存，应分成单片平放，切不可堆置。

（3）在冬季冷却塔停止使用期间，有可能发生冰冻现象时，要将冷却塔集水盘（槽）和室外部分的冷却水系统中的水全部放光，以免冻坏设备和管道。

 4-35 如何维护保养中央空调的风机盘管？

应每半年对风机盘管进行一次清洁养护，每周清洗一次空气过滤网，排除盘管内的空气。

（1）检查风机转动是否灵活，如果转动中有阻滞现象，则应加注润滑油，如有异常的摩擦响声，应更换风机的轴承。

（2）对于带动风机的电动机，用 500V 绝缘电阻表检测线圈绝缘电阻，应不低于 $0.5M\Omega$，否则应作干燥处理或整修更换，检查电容是否变形，如变形则应更换同规格电容，检查各接线头是否牢固。

（3）清洁风机风叶、盘管、积水盘上的污物，同时用盐酸溶液清洗盘管内壁的污垢，然后拧紧所有的紧固件，清洁风机盘管的外壳。

4-36　如何维护保养中央空调的水管道？

每半年应对中央空调的冷冻水管道、冷却水管、冷凝给水管路进行一次保养。

（1）检查冷冻水、凝结水管路是否有大量凝结水。

（2）检查保温层是否已有破损，如有破损则应重新做保温层。

（3）对管路中的阀件部位和保温层，应重点检查，及时整修。

4-37　如何维护保养中央空调的阀类、仪表和检测器件？

应每半年对中央空调系统所有阀类进行一次养护。

（1）对于管道中节流阀及调节阀，应检查是否泄漏，如泄漏则应加压填料。

（2）检查阀门的开闭是否灵活，若开闭困难，则应加注润滑油，若阀门破裂，则应更换同规格阀门。

（3）检查法兰连接处是否渗漏，如有渗漏，应更换密封胶垫。

（4）对于电磁调节阀和压差调节阀，要检查其中干燥过滤器是否堵塞或吸潮，如果堵塞或吸潮，则应更换同规格的干燥过滤器。

（5）通过通断电试验检查电磁调节阀、压差调节阀动作是否可靠，如有问题应更换同规格电磁调节阀、压差调节阀，对阀杆部位加注润滑油，压填料处泄漏则应加压填料。

（6）对于常用的温度计、压力表，如果仪表读数模糊不清，应更换合格的温度计和压力表。

（7）检测传感器的参数是否正常并做模拟实验，对于不合格的传感器应更换。

4-38　如何维护保养中央空调的送回风系统？

现代中央空调空气处理常用模块或组合空调，是把空气处理设备、风机、消声装置、能量回收装置等分别做成箱式的单元，按空气处理过程的需要进行选择组成的。空调器每年初次运行时，应先将通风干管和组合式空调内的积尘清扫干净，对设备进行清洗、加油。

（1）检查风量调节阀、防火阀、送风口、回风口的阀板，叶片的开启角度和工作状态，若不正常，应进行调整，若开闭不灵活应更换。

（2）检查水管系统空调箱连接的软接头是否完好，空调箱是否有漏风、漏水现象，检查凝结水管是否有堵塞现象，若有要及时整修。

（3）检查送风管道连接处漏风是否超规范，送风噪声是否超过标准，若有问题则应找出原因加以处理。

（4）对于喷淋段应定期清洗喷水室的喷嘴、喷水管，以防产生水垢。喷水室的前池半年左右清洗和刷底漆一次，以减少锈蚀。

（5）定期检查低池中的自动补水装置，如阀针是否灵活，浮球是否好用等。

（6）清洗回水过滤网和进水过滤器，在喷水室的回水管上装设水封，以防由于风机吸风产生的负压，使回水受阻。

 4-39 中央空调常见故障及其排除方法有哪些？

集中式空调系统常见问题与处理方法见表 4-1。

表 4-1 集中式空调系统常见问题与处理方法

序号	现象	产生原因	处理方法
1	送风参数与设计值不符	①冷热媒参数和流量与设计值不符；空气处理设备选择容量偏大或偏小 ②空气处理设备热工性能达不到额定值 ③空气处理设备安装不当，造成部分空气短路，空调箱或风管的负压段漏风，未经处理的空气漏入 ④挡水板挡水效果不好 ⑤送风管和冷媒水管温升超过设计值	①调节冷热媒参数与流量，使空气处理设备达到额定能力，如仍达不到要求，可考虑更换或增加设备 ②测试空气处理设备热工性能，查明原因，消除故障。如仍达不到要求，可考虑更换设备 ③检查设备、风管，排除短路与漏风 ④检查并改善喷水室挡水板，消除漏风带水 ⑤管道保温不好，加强风管、水管保温

（续）

序号	现象	产生原因	处理方法
2	室内温度、相对湿度均偏高	①制冷系统制冷量不足 ②喷水室喷嘴堵塞 ③通过空气处理设备风量过大,热湿交换不良 ④回风量大于送风量,室外空气渗入 ⑤送风量不足(可能过滤器堵塞) ⑥表冷器结霜,造成堵塞	①检修制冷系统 ②清洗喷水系统和喷嘴 ③调节通过空气处理设备的风量,使风速正常 ④调节回风量,使室内正压 ⑤清理过滤器,使送风量正常 ⑥调节蒸发温度,防止结霜
3	室内温度合适或偏低,相对湿度偏高	①送风温度低(可能是一次回风的二次加热器未开或不足) ②喷水室过水量大,送风含湿量大(可能是挡水板不均匀或漏风) ③机器露点温度和含湿量偏高 ④室内产湿量大(如增加了产湿设备,用水冲洗地板,漏汽、漏水等)	①正确使用二次加热器,检查二次加热器的控制与调节装置 ②检修或更换挡水板,堵漏风 ③调节三通阀,降低混合水温 ④减少湿源
4	室内温度正常,相对湿度偏低(这种现象常发生在冬季)	①室外空气含湿量本来较低,未经加湿处理,仅加热后送入室内 ②加湿器系统故障	①有喷水室时,应连续喷循环水加湿,若是表冷器系统,应开启加湿器进行加湿 ②检查加湿器及控制与调节装置
5	系统实测风量大于设计风量	①系统的实际阻力小于设计阻力,风机的送风量因而增大 ②设计时选用风机容量偏大	关小风量调节阀,降低风量;有条件时可改变(降低)风机的转速
6	系统实测风量小于设计风量	①系统的实际阻力大于设计阻力,风机送风量减小 ②系统中有阻塞现象 ③系统漏风 ④风机出力不足(风机达不到设计能力或叶轮旋转方向不对,传动带打滑等)	①条件许可时,改进风管构件,减小系统阻力 ②检查清理系统中可能的阻塞物 ③检查漏风点,堵漏风 ④检查、排除影响风机出力的因素

（续）

序号	现象	产生原因	处理方法
7	系统总送风量与总进风量不符,差值较大	①风量测量方法与计算不正确 ②系统漏风或气流短路	①复查测量与计算数据 ②检查堵漏,消除短路
8	机器露点温度正常或偏低,室内降温慢	①送风量小于设计值,换气次数少 ②有二次回风的系统,二次回风量过大 ③空调系统房间多、风量分配不均匀	①检查风机型号是否符合设计要求,叶轮转向是否正确,传动带是否松弛,开大送风阀门,消除风量不足因素 ②调节,降低二次回风量 ③调节,使各房间风量分配均匀
9	室内气流速度超过允许流速	①送风口速度过大 ②总送风量过大 ③送风口的形式不合适	①增大风口面积或增加风口数,开大风口调节阀 ②降低总送风量 ③改变送风口形式,增加紊流系数
10	室内气流速度分布不均,有死角区	①气流组织设计考虑不周 ②送风口风量未调节均匀,不符合设计值	①根据实测气流分布图,调整送风口位置,或增加送风口数量 ②调节各送风口风量,使其与设计值相符
11	室内空气清洁度不符合设计要求(空气不新鲜)	①新风量不足(新风阀门未开足,新风道截面积小,过滤器堵塞等) ②室内人员超过设计人数 ③室内有吸烟和燃烧等耗氧因素	①对症采取措施,增大新风量 ②减少不必要的人员 ③禁止在空调房间内吸烟和进行不符合要求的耗氧活动
12	室内洁净度达不到设计要求	①过滤器效率达不到要求 ②施工安装时未按要求擦净设备及风管内灰尘 ③运行管理未按规定打扫清洁 ④生产工艺流程与设计要求不符 ⑤室内正压不符合要求,室外有灰尘渗入	①更换不合格的过滤器 ②设法清理设备与管道内灰尘 ③加强运行管理 ④改进工艺流程 ⑤增加换气次数和调正压

（续）

序号	现象	产生原因	处理方法
13	室内噪声大于设计要求	①风机噪声高于额定值 ②风管及阀门、风口风速过大,产生气流噪声 ③风管系统消声设备不完善	①测定风机噪声,检查风机叶轮是否碰壳,轴承是否损坏,减振是否良好,对症处理 ②调节各种阀门、风口,降低过高风速 ③增加消声弯头等设备

第5章

Chapter ▶▶ 05

电梯与自动扶梯

❓ 5-1 电梯由哪几部分组成？

电梯是伴随现代高层建筑物发展起来的重要垂直运输工具，它既有完备的机械专用设备，又有较复杂的驱动装置和电气控制系统。住宅电梯是供居民住宅楼使用的电梯，主要运送乘客，也可运送家用物件或生活用品。曳引式电梯是目前应用最普遍的一种电梯。电梯的基本结构如图 5-1 所示。

扫码看视频

一部电梯总体的组成有机房、井道、轿厢和层站四个部分，也可看成一部电梯占有了四大空间。图 5-2 为电梯各机构的组成。

❓ 5-2 怎样正确使用电梯？

（1）电梯在各服务层站设有层门、轿厢运行方向指示灯、数字显示轿厢、运行位置指层器和召唤电梯按钮。电梯召唤按钮使用时，上楼按上方向按钮，下楼按下方向按钮。

（2）轿厢到达时，层楼方向指示即显示轿厢的运动方向，乘客判断欲往方向和确定电梯正常后进入轿厢，注意门扇的关闭，勿在层门口与轿厢门口对接处逗留。

（3）轿厢内有位置显示器、操纵盘及开关门按钮和层楼选层按钮。进入轿厢后，按欲往层楼的选层按钮。若要轿厢门立即关闭，可按关门按钮。轿厢层楼位置指示灯显示抵达层楼并待轿厢门开启后即可离开。

（4）不能超载运行，人员超载时请主动退出。

（5）乘客电梯不能经常作为载货电梯使用，绝对不允许装运易燃、易爆品。

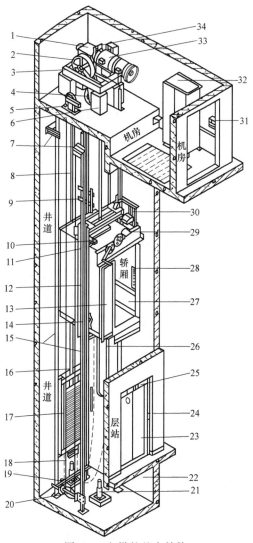

图 5-1　电梯的基本结构

1—减速箱　2—曳引轮　3—曳引机底座　4—导向轮　5—限速器　6—机座
7—导轨支架　8—曳引钢丝绳　9—开关碰铁　10—紧急终端开关　11—导靴
12—轿架　13—轿门　14—安全钳　15—导轨　16—绳头组合　17—对重　18—补
偿链　19—补偿链导轮　20—张紧装置　21—缓冲器　22—底坑　23—层门　24—呼
梯盒　25—层楼指示灯　26—随行电缆　27—轿壁　28—轿内操纵箱　29—开门机
30—井道传感器　31—电源开关　32—控制柜　33—曳引电动机　34—制动器（抱闸）

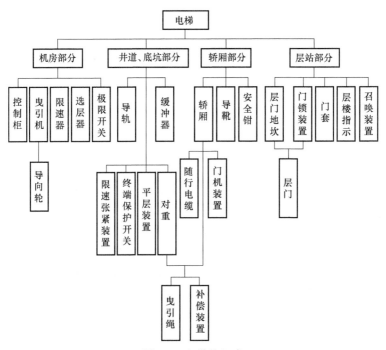

图 5-2　电梯的组成

（6）当电梯发生异常现象或故障时，应保持镇静，可拨打轿厢内的救援电话，切不可擅自撬门，企图逃出轿厢。

（7）乘客不准倚靠轿厢门，不准在轿厢内吸烟和乱丢废物，保持轿厢内的清洁与卫生。

（8）乘客要爱护电梯设施，不得随便乱按按钮和乱撬厢门。

（9）司机要严格履行岗位职责，电梯运行期间不得远离岗位，发现故障及时处理和汇报。

（10）不允许司机以检修、急停按钮作为正常行驶起动前的消除召唤信号。

（11）不允许用检修速度在层、轿厢门开启情况下行驶。

（12）不允许开启轿厢顶活板门、安全门。

（13）不允许以检修速度来装运超长物件行驶。

（14）不允许以手动轿厢门的起、闭作为电梯的起动或停止功能使用。

（15）不允许在行驶中突然换向。

（16）司机要经常检查电梯运行情况，定期联系电梯维修保养，做好维保记录。

（17）电梯停止使用时，司机应将轿厢停于基站，并将操动盘上的开关全部断开，关闭好层门。如遇停电通知，提前做好电梯停驶工作。

 5-3 电梯检查维修包括哪些内容？

电梯检查维修的内容如下：

（1）检查蜗轮蜗杆间隙，定期更换齿轮箱油，检查各部油封。

（2）检修推力轴承，调整轴向间隙。

（3）控制柜线路检查及运行舒适感调试。

（4）检查、更换各部损坏、失效的电气元件，确保功能完好。

（5）检修核准端站保护装置，必要时更换端站保护开关。

（6）检查限速器安全开关，确保限速保护系统可靠正常。

（7）检修校正安全钳及联动机构（含电开关），进行安全钳试验。

（8）检查测试电梯平衡系数，调整正常。

（9）检查清理井道内各接线盒、接线端子。

（10）检修配重架、配重压紧装置及配重导靴。

（11）检修各载荷开关，重做载荷实验。

（12）检查制动磁铁和清洗制动铁心。

（13）调节抱闸制动器，必要时更换闸衬。

（14）曳引钢丝绳清洗，调整钢丝绳张力。

（15）门机装置检修调整，确保开关门正常。

（16）检查底坑缓冲器，重做缓冲器安全实验。

（17）调整轿厢、对重导靴间隙，必要时更换靴衬。

（18）检修各部接线，更换损坏的继电器。

（19）检查更换损坏的按钮及显示器。

（20）检查调整各层门联锁，更换损坏的门接点。

（21）检查调整各层门副锁，更换损坏的触头。

（22）检查更换过度磨损的厅门、轿门门导靴。

（23）更换调整功能不正常的厅门门吊轮。

（24）更换调整损坏的厅门偏心轴。

（25）检查调整光电门。

（26）检修调整井道限位开关，必要时更换。

（27）调整底坑张绳轮，必要时更换张绳开关。

（28）进行整机加、减速运行及制动平层调试。

5-4　如何维护保养制动器？

制动器是电梯机械系统的重要安全装置之一，对主动转轴起制动作用。当电梯轿厢到达所需层站或电梯遇紧急情况时使曳引机迅速停车，电梯停止运行。而且，制动器还对轿厢与厅门地坎平层时的准确度起着重要作用。

制动器的形式多种多样，但基本结构大致相同，图 5-3 所示为常见的电磁制动器。

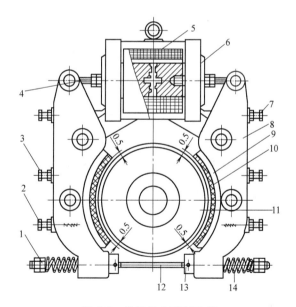

图 5-3　常见的电磁制动器

1—制动弹簧调节螺母　2—制动瓦块定位弹簧螺栓　3—制动瓦块定位弹簧　4—螺母
5—制动电磁铁　6—电磁铁心　7—定位螺栓　8—制动臂　9—制动瓦块　10—制动带
（制动衬料）　11—制动轮　12—制动弹簧螺杆　13—手动松闸凸轮（缘）　14—制动弹簧

工作人员应经常到机房对制动器进行认真检查，发现问题及时解决。

（1）检查制动弹簧有无失效或疲劳损坏。

（2）电梯运行（即松闸）时，两侧制动瓦应同时离开制动轮，其间隙应均匀，且最大不超过0.7mm，当间隙过大时应调整。

（3）电梯运行停止（即抱闸）时，制动瓦应紧贴制动轮，制动瓦的接触面不小于80%。

（4）应保证制动器的动作灵活可靠，各活动关节部位应保持清洁。每周对制动器上各活动销轴加一次润滑机油（加油时不允许将油滴在制动轮上）；每季度在电磁铁心与制动器铜套之间加一次石墨润滑粉。

（5）固定制动瓦的铆钉头不允许接触到制动轮，当发现制动带磨损，导致铆钉头外露时，应更换制动带。

（6）制动器应保持足够的制动转矩，当发现有打滑现象时，应调整制动弹簧。

（7）制动轮和制动瓦表面应无划痕、高温焦化颗粒以及油污。当制动轮上有划痕或高温焦化颗粒时，可用小刀轻刮，并打磨光滑；当制动轮上有油污时，可用煤油擦净表面。

（8）制动电磁线圈的绝缘应良好、无异味，线圈的接头应牢固可靠。

（9）制动器上的杠杆系统及弹簧发现裂纹应及时更换。

5-5 如何维护保养减速器？

工作人员应经常性地对减速器进行检查、保养，并注意以下几点：

（1）箱体内的油量应保持在油针或油镜的标定范围，当发现油已变质或有杂质时，应及时换新油。

（2）减速器应无漏油现象，一旦发现漏油后，除根据具体情况进行处理外，还应及时向箱内补充与箱内同牌号的润滑油。

（3）经常测量减速器温度，轴承温度一般不得超过70℃，箱内温度一般不得超过80℃，否则应停机检查原因。当轴承发生不均匀的噪声、敲击声或温度过高时，应及时处理。

（4）蜗轮蜗杆的轴承应保持合理的轴向间隙，当电梯换向时，发现蜗杆轴或蜗轮轴出现明显窜动时，应采取积极措施，调整轴承的轴向间隙使其达到规定值。

（5）当减速器中蜗轮蜗杆的齿磨损过大，在工作中出现很大换向冲击时，应进行大修。内容是调整中心距或更换蜗轮蜗杆。

 5-6　如何维护保养联轴器？

联轴器的作用是将曳引机与减速器（箱）蜗杆轴连接起来。减速器的蜗杆轴采用滑动轴承时，通常采用刚性联轴器。减速器的蜗杆轴采用滚动轴承时，通常采用弹性联轴器。联轴器一端与电动机转子轴相连，另一端与蜗杆轴相连。刚性联轴器和弹性联轴器都带制动轮，制动轮安装在蜗杆轴上。

联轴器的维护保养工作如下：

（1）经常检查螺栓上的紧固螺母，不得松动。否则，曳引机工作时就会发生径向晃动，导致制动不灵。

（2）检查整机在起动、制动时是否有冲击和不正常的声响，应检查橡胶圈（块）是否磨损、螺栓是否变形、键是否松动。

（3）定期检测并保持曳引机的转轴与蜗杆轴的同轴度，一般应在0.1mm以内，否则会引起橡胶圈磨损变形或脱落。

（4）经常用小锤敲击联轴器整体，凭声音或观察来判断机械零、部件有无裂纹或磨损故障。

 5-7　怎样正确连接曳引钢丝绳？

曳引钢丝绳也称曳引绳，是电梯上专用的钢丝绳。它承载着轿厢、对重装置、额定载重量等重量的总和。

曳引钢丝绳在机房穿绕曳引轮、导向轮，下面一端连接轿厢，另一端连接对重装置。

曳引钢丝绳的两端总要与有关的构件连接，固定钢丝绳端部的方法各种各样，通常采用合金固定法，即灌铝法（见图5-4），此法能使钢丝绳断裂力不降低。一般采用巴氏合金或铝，它易熔，便于现场浇铸。

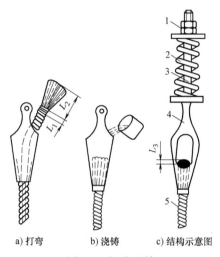

a)打弯　　　　b)浇铸　　　c)结构示意图

图 5-4　绳头固结

1—螺母　2—压缩弹簧　3—调节螺杆　4—锥套　5—钢丝绳

 5-8　如何调整和使用曳引钢丝绳?

1. 曳引钢丝绳张力的调整方法

电梯是多绳提升,数根钢丝绳共同承担负载。多绳提升要求每根钢丝绳受力均等,不允许个别钢丝绳受力过大(即绷得太紧)。因此电梯都有钢丝绳张力调整装置,用拧紧或放松螺母改变弹簧力的办法,即可调整钢丝绳的张力(见图 5-4c)。弹簧还可起微调作用,瞬时平衡力由弹簧补偿。由于数根弹簧性能有差别,因而不能用测量压缩弹簧的长度来衡量钢丝绳受力是否相等,更不能以此作为调整依据。

2. 曳引钢丝绳的使用注意事项

曳引钢丝绳的使用注意事项如下:

(1) 钢丝绳不允许有接头。

(2) 每根钢丝绳受力必须均等。

(3) 钢丝绳要进行适当的润滑。

 5-9　如何维护保养曳引钢丝绳与绳头组合?

绳头组合又称曳引绳锥套,按其结构形式可分为组合式和非组合式两种，分别如图 5-5 所示。组合式的曳引绳锥套和拉杆是两个独立的零件，它们之间用铆钉铆合在一起；非组合式的曳引绳锥套和拉杆是铸成一体的。

曳引绳与绳头组合的保养方法如下：

（1）应使全部曳引绳的张力保持一致，其相互的差值不应超过 5%。如张力不均衡可通过绳头组合螺母来调整。

（2）曳引绳使用时间过久，绳芯中的润滑油会耗尽，将导致绳的表面干燥，甚至出现锈斑，此时可在绳的表面薄薄地涂一层润滑油。

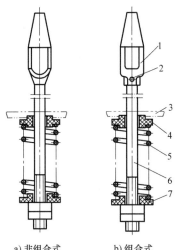

a) 非组合式   b) 组合式

图 5-5　曳引绳锥套

1—锥套　2—铆钉　3—绳头板
4、7—弹簧垫　5—弹簧　6—拉杆

（3）应经常注意曳引绳的直径变化，检查有无断丝、爆股、锈蚀及磨损程度等。如已达到更换标准，应立即停止使用，更换新曳引绳。

（4）应保持曳引绳的表面清洁，当发现表面粘有沙尘等异物时，应用煤油擦干净。

（5）在截短或更换曳引绳，需要重新对绳头锥套浇铸巴氏合金时，应严格按工艺规程操作，切不可马虎从事。

（6）应保证电梯在顶层端站平层时，对重与缓冲器之间有足够间隙。

 5-10　如何维护与保养轿厢？

轿厢是乘客或货物的载体，是电梯的主要设备之一，它由轿厢架和轿厢体组成。对于不同用途的电梯，虽然轿厢基本结构是相同的，但在具体结构要求上却有所不同。客梯轿厢的结构如图 5-6 所示。

轿厢门供乘客或服务人员进出轿厢使用，门上装有联锁触头，只有当门扇密闭时，才允许电梯起动；而当门扇开启时，运动中的轿厢立即停止，起到了电梯运行中的安全保护作用。门上还装有安全触

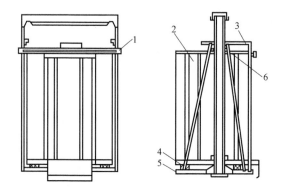

图 5-6　客梯轿厢

1—门导轨　2—厢体　3—门导轨架　4—减振橡胶　5—底框　6—橡胶限位块

板，若有人或物品碰到安全触板，依靠联锁触头作用使门自动停止关闭，并迅速打开。

　　轿厢顶开有供人紧急出入的安全窗。安全窗开启时，必须通过限位开关切断电梯控制电路，使电梯不能起动，以确保安全。轿厢顶还装有开门机构、电器箱、接线箱和风扇等。

　　客梯轿厢一般采用半间接照明方式，即通过灯罩等透明体使光线柔和些，再照射下来。也可采用反射式照明。

　　在轿厢内除了设置照明装置外，还设有操纵电梯运行的按钮操纵箱、显示电梯运行方向和位置的轿内指层灯、风扇或抽风机、紧急开关等应急装置以及电梯规格标牌等。

　　维护与保养轿厢时应该注意以下几点：

　　（1）电梯如果发生紧急停车、卡轨或过载运行，都将对轿架有很大影响，必须检查四角接点的螺栓。如果轿厢架变形，则应稍放松紧固螺栓让其自然校正，随后再拧紧。

　　（2）当轿厢运行时，如果轿厢壁振动或发出嘶哑声，则可能是纵向筋焊点脱落，轿壁刚性降低所致。如果技术手段允许，可以补焊，或者钻孔后用铆钉铆合。

　　（3）经常检查轿厢的连接螺栓，若有松动、错位或变形，应分别采取措施。变形或锈蚀的螺栓必须更换，已脱落或遗失的螺栓应补齐。

（4）轿厢体与轿厢架连接的四根拉杆受力要尽可能相等，轿底安装必须水平。否则，可以利用拉杆上的螺栓调节，即拧紧螺母的力要一致。如果拉杆受力不均匀使轿厢安装歪斜，造成轿厢门运动不灵活，若有自动门机构，严重时将会使该机构无法工作。

5-11　电梯门系统由哪几部分组成？

电梯门系统主要包括轿门（轿厢门）、厅门（层门）、开门机、联动机构和门锁等。

厅门和轿门都是独特的保护装置，以防乘客和物品坠入井道或轿内乘客和物品与井道相撞而发生危险。电梯的门一般由门扇、门滑轮、门靴（门滑块）、门地坎、门导轨架等组成。轿门由门滑轮悬挂在轿门导轨上，下部通过门靴与轿门地坎配合；厅门由门滑轮悬挂在厅门导轨上，下部门滑块与厅门地坎配合，如图 5-7 所示。

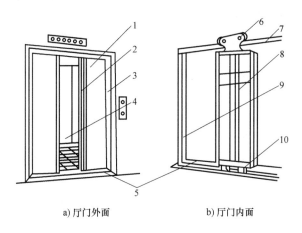

a) 厅门外面　　　　　　　　　　b) 厅门内面

图 5-7　电梯门的基本结构

1—厅门　2—轿厢门　3—门套　4—轿厢　5—门地坎　6—门滑轮

7—厅门导轨架　8—门扇　9—厅门门框立柱　10—门滑块（门靴）

只有轿门、厅门完全关闭后，电梯才能运行。为了防止电梯在关闭时将人夹住，电梯的轿门上常设有关门安全装置（近门保护装置），在做关门运动的门扇只要受到人或物的阻挡，便能自动退回。

5-12　如何维护与保养电梯门?

轿门、厅门和自动门锁的维护保养方法如下:

(1) 当滚轮的磨损导致门扇下坠及歪斜等时,应调整门滑轮的安装高度或更换滑轮,并同时调整挡轮位置,保证合理间隙。

(2) 应经常检查厅门联动装置的工作情况,对于钢丝绳式联动机构,发现钢丝绳松弛时,应予以张紧;对于摆杆式和折臂式联动机构,应使各转动环节处转动灵活,各固定处不应发生松动,当出现厅门与轿门动作不一致时,应对其联动机构进行检查调整。

(3) 经常检查门导轨有无松动,有无异物堵塞、门靴(门滑块)在门坎槽内运行是否灵活,两者的间隙有无过大或过小,并及时清除杂物加油润滑。

(4) 应保持自动门锁的清洁,在季检中应检查保养。对于必须做润滑保养的门锁,应定期加润滑油。

(5) 应保证门锁开关的工作可靠性,应注意触头的工作状况,防止出现虚接、假接及粘连现象。特别注意门锁的啮合深度。

(6) 如果门锁已坏,电梯也就不能运行,这时,千万不要在门锁电开关触头上短接来代替门锁,使电梯运行,它将会造成重大事故。

 5-13　如何维护与保养自动门机?

自动门机的维护保养方法如下:

(1) 应保持调定的调速规律,当门在开关时的速度变化异常时,应立即检查调整。

(2) 对于带传动的开门机,应使传动带有合理的张紧力,当发现松弛时,应加以张紧。对于链传动的开门机,同样应保证链条合理的张紧力。

(3) 自动门机各传动部分,应保持良好的润滑。对于要求人工润滑的部位,应定期加油。

(4) 应经常检查自动门机的直流电动机,如发现电刷磨损过量应予以更换;如发现电粉和灰尘较多,要及时清理。还要经常检查电动机的绝缘电阻及轴承工作情况,发现问题及时处理,具体方法可参考直流电动机的保养。

 5-14　如何维护与保养导轨和导靴？

导向系统用来限制轿厢和对重的活动自由度，使轿厢和对重沿着各自的轨道作升降运动，使两者在运行中平稳，不会偏摆。

轿厢导向和对重导向均由导轨、导靴和导轨架组成。图 5-8 为电梯导向系统示意图。

导轨和导靴的维护与保养方法如下：

（1）不论轿厢导轨还是对重导轨，都应保持润滑良好，没有自动润滑装置的电梯，应每周对导轨进行一次润滑。

（2）当导轨工作面有凹坑、麻斑、毛刺、划伤以及安全钳动

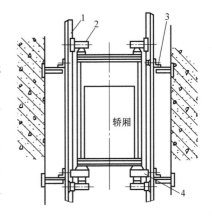

图 5-8　电梯导向系统示意图
1—导轨　2—导靴　3—导轨架　4—安全钳

作或紧急停止制动而造成导轨损伤时，应用锉刀、砂布、油石等进行修磨。

（3）当导轨工作面不清洁时，可用煤油擦净导轨和导靴，如润滑不良，应定期向油杯注入同规格的润滑油。

（4）在年检中，应详细检查导轨连接板和导轨压板处螺栓紧固情况，并应对全部压板螺栓进行一次重复拧紧。

（5）滑动导轨靴衬工作面磨损过大，会影响电梯的运行平稳性。一般对侧工作面，磨损量应不超过 1mm（双侧）；对内端面，磨损量应不超过 2mm，超过时应更换。

（6）应保持弹性滑动导靴对导轨的压紧力，当因靴衬磨损而引起松弛时，应加以调整。

（7）当滚动导靴的滚轮与导轨面间出现磨损不匀时，应予以车修；磨损过量使间隙增大或出现脱圈时，应予以更换。

（8）在检查中，若发现导靴与轿厢架或对重框架紧固松动时，可

将螺母拧紧，但最好的办法是垫上弹簧垫圈，防止螺母松动。

 5-15 如何维护与保养重量平衡系统？

重量平衡系统能使对重与轿厢达到相对平衡，在电梯工作中能使轿厢与对重件的重量差保持在某一个限额之内，保证电梯的曳引传动平稳、正常。

重量平衡系统的示意图如图5-9所示，由对重装置和重量补偿装置两部分组成。对重装置的作用是起相对平衡轿厢的作用，它与轿厢相对悬挂在曳引绳的另一端。

对重装置和重量补偿装置的维护保养方法如下：

（1）定期检查对重架上的绳头组合装置有无松动，螺母是否紧固，卡销有无脱落。

（2）定期检查对重轮上润滑是否良好，有无异常响声，有无损裂。

（3）经常检查对重块在框架内的安放

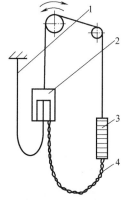

图5-9 重量平衡
系统的示意图
1—电缆 2—轿厢 3—对
重 4—平衡补偿装置

情况，发现对重块晃动，应立即停梯，按装置对重块的要求，重新找正、找平，不允许用它物垫平。

（4）当发现补偿链在运行时产生较大噪声时，应检查消音绳是否折断。并检查两端固定元件的磨损情况，必要时要加固。

（5）对于补偿绳，其设于底坑的张紧装置应转动灵活。对需要人工润滑的部位，应定期添加润滑油。

（6）经常检查对重架各部分螺栓有无松动现象（包括对重块的迫紧装置）。

 5-16 如何维护与保养限速器？

限速器的维护与保养方法如下：

（1）限速器的动作时间应灵活可靠，对速度的反应灵敏。旋转部分的润滑应保持良好，每周加油一次，每年清洗换新油一次。当发现限速器内部积有污物时，应加以清洗（注意不要损坏铅封）。

（2）应使限速张紧装置转动灵活，一般每周应加油一次，每年清洗一次。

（3）经常检查夹绳钳口处，并清洗异物，以保证动作可靠。

（4）及时清理钢丝绳的油污，当钢丝绳伸长超过规定范围时应截短。

（5）若发现限速器有异常撞击声或敲击声时，如果是甩块式刚性夹持式限速器，应检查绳轮和连杆（连接板）与离心重块（抛块）的连接螺栓有无松动；检查心轴孔有无变形或磨损。

（6）在电梯运行过程中，一旦发现限速器、安全钳动作，将轿厢夹持在导轨上。此时，应经过有关部门鉴定、分析，找出故障原因，解决后才能检查或恢复限速器。

 5-17　怎样维护与保养安全钳？

安全钳的维护与保养方法如下：

（1）经常检查传动链杆部分，应灵活无卡死现象。每月在转动部位注入机械油润滑。楔块的润滑部分，动作应灵活，并涂以凡士林润滑防锈。

（2）每月检查、调整安全钳上的安全限位开关，当安全钳动作时，该开关必须动作。

（3）每季度用塞尺检查楔块与导轨工作面的间隙，应为 3~4mm，且各间隙值应相近，否则应进行调整。方法是，调整楔块连接螺母，即可改变间隙大小。

（4）当安全钳动作后，若发现对轿厢两导轨夹持位置不一致或咬痕深浅不平时，应调整连杆上的螺母，并调节拉臂上的螺母，使两边夹持导轨作用力一致。

（5）安全钳动作后，不应在解除制动状态后马上投入运行，而应认真检查安全钳动作原因并予以排除，并认真检查限速器绳被压绳舌夹持部位的状况；修复导轨被安全钳夹持痕迹；检查安全钳是否复位和灵活；检查轿厢是否变形等。只有全面检查并排除故障后，才能使电梯正常运行。

5-18　怎样维护与保养缓冲器？

缓冲器的维护与保养方法如下：

（1）对于弹簧缓冲器，应保护其表面不出现锈斑，随着使用年久，应视需要加涂防锈油漆。

（2）对于油压缓冲器，应保证油在油缸中的高度，一般每季度应检查一次。当发现低于油位线时，应及时添加（保证油的黏度相同）。

（3）定期查看并紧固好缓冲器与底坑下面的固定螺栓，防止松动，底坑应无积水。

（4）油压缓冲器柱塞外露部分应保持清洁，并涂抹防锈油脂。

（5）定期对油压缓冲器的油缸进行清理，更换废油。

（6）若轿厢或对重撞击缓冲器后，应全面检查。如发现弹簧不能复位或歪斜，应予以更换。

5-19　怎样维护与保养终端限位保护装置？

终端限位保护装置的维护与保养方法如下：

（1）对于终端限位保护装置，需润滑的部位应定期注入润滑油，以利润滑。

（2）当轿厢开关打板（碰板）发生扭曲变形，不能很好地碰击终端限位安全保护开关时，应及时调整或更换。

（3）对于采用机械电气式的极限开关装置，当发现动作不灵活时，应对它的钢丝绳、碰轮、绳夹、绳轮及弹簧等机械零、部件进行检查。

（4）当发现终端超载安全保护装置动作（不论哪一终端），应立即查明原因，排除故障，并把经过、处理方法记入维修记录本内，经有关负责人同意方可再投入运行。在以后运行中要严密监视有无再发生终端超载安全保护装置动作。若间隔不久，又发生这类现象，应立即停止电梯使用，直到问题真正解决。

5-20　如何维护与保养电梯开关柜？

开关柜的维护与保养方法如下：

（1）应经常用软刷或吹风机清除开关柜内各电器元件上的积尘和油垢。

（2）应经常检查接触器、继电器的各组触头是否灵活可靠，吸合线圈外表绝缘是否良好。

（3）应定期清除各接点表面的氧化物，若触头被电弧烧伤，如不影响使用性能，可不必修理。如果烧伤严重，凸凹不平很明显，必须修平或更换新的触头。

（4）机械联锁装置的动作，应灵活可靠，无显著噪声。导线与接线端子的连接应牢固无松动现象。

（5）更换熔丝时，应使其熔断电流与该回路相匹配。

（6）电控系统发生故障时，应根据其现象，按电气原理图分区、分段查找并排除。

 5-21 如何维护与保养电梯安全保护开关与极限开关？

电梯安全保护开关与极限开关的维护与保养方法如下：

（1）安全保护开关应灵活可靠，每月检查一次，拭去表面尘垢，核实触头接触的可靠性，检查弹性触头的压力和压缩裕度，清除触头表面的积尘，若发现烧灼现象，应锉平滑，若烧灼严重，应予以更换。对于安全开关的转动和摩擦部分，可用凡士林润滑。

（2）极限开关应灵敏可靠，应定期进行超程检查，视其是否可靠地断开主电源，迫使电梯停止运行。若发现异常，应立即予以修理或更换。对于其转动和摩擦部分，可用凡士林润滑。

 5-22 如何维护与保养电梯选层器与层楼指示器？

电梯选层器与层楼指示器的维护与保养方法如下：

（1）应经常检查传动钢带，如发现断齿或有裂痕，应及时修复或更换。

（2）应保持各传动机构运动灵活，视情况加润滑油。

（3）应经常检查动、静触头的接触可靠性及压紧力，并予以适当调整。当触头过度磨损时，应予以更换。

（4）应保持触头的清洁，视情况清除表面的积垢。

（5）应经常检查各接点引出线的压紧螺钉有无松动现象，检查各连接螺栓是否牢固。

（6）注意保持传动链条的适度张紧力，出现松弛时，应予以更换。

 5-23 电梯有哪些常见故障？应该怎样排除？

电梯的常见故障及其排除方法见表5-1。

表 5-1 电梯的常见故障及其排除方法

故障现象	可能原因	排除方法
按关门按钮不能自动关门	1. 开关门电路的熔断器熔体熔断 2. 关门继电器损坏或其控制电路有故障 3. 关门第一限位开关的接点接触不良或损坏 4. 安全触板不能复位或触板开关损坏 5. 光电门保护装置有故障	1. 更换熔体 2. 更换继电器或检查其电路故障点并修复 3. 更换限位开关 4. 调整安全触板或更换触板开关 5. 修复或更换
在基站厅外扭动开关门钥匙开关不能开启厅门	1. 厅外开关门钥匙开关接点接触不良或损坏 2. 基站厅外开关门控制开关接点接触不良或损坏 3. 开门第一限位开关的接点接触不良或损坏 4. 开门继电器损坏或其控制电路有故障	1. 更换钥匙开关 2. 更换开关门控制开关 3. 更换限位开关 4. 更换继电器或检查其电路故障并修复
电梯到站不能自动开门	1. 开关门电路熔断器熔体熔断 2. 开门限位开关接点接触不良或损坏 3. 提前开门传感器插头接触不良、脱落或损坏 4. 开门继电器损坏或其控制电路有故障 5. 开门机传动带松脱或断裂	1. 更换熔体 2. 更换限位开关 3. 修复或更换插头 4. 更换继电器或检查其电路故障点并修复 5. 调整或更换传动带

（续）

故障现象	可能原因	排除方法
开门或关门时冲击声过大	1. 开、关门限速粗调电阻调整不妥 2. 开、关门限速细调电阻调整不妥或调整环接触不良	1. 调整电阻环位置 2. 调整电阻环位置或调整其接触压力
开、关门过程中门扇抖动或有卡住现象	1. 踏板滑槽内有异物堵塞 2. 吊门滚轮的偏心挡轮松动，与上坎的间隙过大或过小 3. 吊门滚轮与门扇连接螺钉松动或滚轮严重磨损	1. 清除异物 2. 调整并修复 3. 调整或更换吊门滚轮
选层登记且电梯门关妥后电梯不能起动运行	1. 厅、轿门电联锁开关接触不良或损坏 2. 电源电压过低或断相 3. 制动器抱闸未松开	1. 检查修复或更换电联锁开关 2. 检查并修复 3. 调整制动器
轿厢起动困难或运行速度明显降低	1. 电源电压过低或断相 2. 制动器抱闸未松开 3. 曳引电动机滚动轴承润滑不良 4. 曳引机减速器润滑不良	1. 检查并修复 2. 调整制动器 3. 补油或更换润滑油 4. 补油或更换润滑油
轿厢运行时有异常的噪声或振动	1. 导轨润滑不良 2. 导向轮或反绳轮轴与轴套润滑不良 3. 传感器与隔磁板有碰撞现象 4. 导靴靴衬严重磨损 5. 滚轮式导靴轴承磨损	1. 清洗导轨或加油 2. 补油或清洗换油 3. 调整传感器或隔磁板位置 4. 更换靴衬 5. 更换轴承
轿厢平层误差过大	1. 轿厢过载 2. 制动器未完全松闸或调整不妥 3. 制动器制动带严重磨损 4. 平层传感器与隔磁板的相对位置尺寸发生变化 5. 再生制动转矩调整不妥	1. 严禁过载 2. 调整制动器 3. 更换制动带 4. 调整平层传感器与隔磁板相对位置尺寸 5. 调整再生制动转矩
轿厢运行未到换速点突然换速停车	1. 门刀与厅门锁滚轮碰撞 2. 门刀或厅门锁调整不妥	1. 调整门刀或门锁滚轮 2. 调整门刀或厅门锁

(续)

故障现象	可能原因	排除方法
轿厢运行到预定停靠层站的换速点不能换速	1. 该预定停靠层站的换速传感器损坏或与换速隔磁板的位置尺寸调整不妥 2. 该预定停靠层站的换速继电器损坏或其控制电路有故障 3. 机械选层器换速触头接触不良 4. 快速接触器不复位	1. 更换传感器或调整传感器与隔磁板之间的相对位置尺寸 2. 更换继电器或检查其电路故障点并修复 3. 调整触头接触压力 4. 调整快速接触器
轿厢到站平层不能停靠	1. 上、下平层传感器的干簧管接点接触不良或隔磁板与传感器的相对位置参数尺寸调整不妥 2. 上、下平层继电器损坏或其控制电路有故障 3. 上、下方向接触器不复位	1. 更换干簧管或调整传感器与隔磁板的相对位置参数尺寸 2. 更换继电器或检查其电路故障点并修复 3. 调整上、下方向接触器
有慢车没有快车	1. 轿门、某层站的厅门电联锁开关接点接触不良或损坏 2. 上、下运行控制继电器、快速接触器损坏或其控制电路有故障	1. 更换电联锁开关 2. 更换继电器、接触器或检查其电路故障点并修复
上行正常、下行无快车	1. 下行第一、二限位开关接点接触不良或损坏 2. 下行控制继电器、接触器损坏或其控制电路有故障	1. 更换限位开关 2. 更换继电器、接触器或检查其电路故障点并修复
下行正常、上行无快车	1. 上行第一、二限位开关接点接触不良或损坏 2. 上行控制继电器、接触器损坏或其控制电路有故障	1. 更换限位开关 2. 更换继电器、接触器或检查其电路故障点并修复
电网供电正常,但没有快车也没有慢车	1. 主电路或控制电路的熔断器熔体熔断 2. 电压继电器损坏,或其电路中的安全保护开关的接点接触不良、损坏	1. 更换熔体 2. 更换电压继电器或有关安全保护开关

 ## 5-24 自动扶梯主要由哪几部分组成?

自动扶梯主要由桁架、驱动装置、张紧装置、导轨系统、梯级、梯级链(或齿条)、扶手装置以及各种安全装置等组成。常见的链条式自动扶梯的结构如图5-10所示。

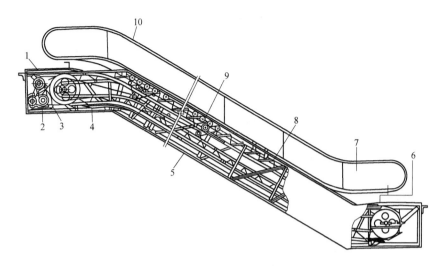

图 5-10　链条式自动扶梯的结构

1—前沿板　2—驱动装置　3—驱动链　4—梯级链　5—桁架　6—扶手入口
安全装置　7—内侧板　8—梯级　9—扶手驱动装置　10—扶手带

5-25　自动人行道主要由哪几部分组成？

自动人行道主要由桁架、驱动装置、张紧装置、导轨系统、踏板、曳引链条、扶手装置以及各种安全保护装置等组成。踏板式（也称踏步式）自动人行道的结构如图 5-11 所示。

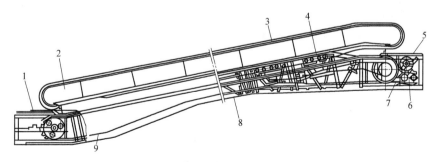

图 5-11　踏板式自动人行道的结构

1—扶手带入口安全装置　2—内侧板　3—扶手带　4—扶手驱动装置
5—前沿板　6—驱动装置　7—驱动链　8—桁架　9—曳引链条

5-26　如何正确使用自动扶梯?

乘坐自动扶梯已成为现代人生活的一部分,我们基本上天天都会乘坐自动扶梯,但是有时候自动扶梯会出现这样那样的故障,掌握正确的乘坐扶梯的方法,可以在扶梯出故障时转危为安。

1. 乘坐自动扶梯的注意事项

(1) 不要使用助步车、轮椅、婴儿车或其他带轮子推车等乘梯。

(2) 禁止使用尖锐拐扙或雨伞搭乘。

(3) 搭乘时左(右)手轻扶扶手,肢体禁止跨越扶手外缘。

(4) 双脚应踏在踏板中心,身体勿倚靠内侧搭乘。

(5) 搭乘扶梯时,严禁嬉戏、推挤、奔跑、跳动。

(6) 不要光脚或穿着松鞋带的鞋子乘坐扶梯。

(7) 穿长裙子或手拎物品乘坐扶梯时,请留意裙摆和物品,谨防被挂住。

(8) 不要将手提包或小包放在扶手带上。

(9) 在扶梯运行到末端时,务必要集中注意力。

(10) 不可倚靠扶梯侧面裙板。

(12) 头不要伸出扶梯侧面,以免撞到外侧物体。

(13) 由于梯级的高度不是为行走而设计的,请不要在梯级上走动或跑步,以免引起电梯故障,或增加摔倒或跌落扶梯危险。

(14) 在扶梯出口处设有紧急停止开关,仅供紧急情况下使用,正常情况下请勿按动。

2. 进入扶梯时的注意事项

(1) 稳步迅速进入。如果你视力不好,更要特别小心。

(2) 请留意扶梯的宽度,向右站立,不必与他人挤贴在一个梯级上。

(3) 用手拉紧儿童或抓紧容易掉落的小件物品。

(4) 体弱老人或儿童一定要在健康成年人搀扶和陪同下乘用。

3. 离开扶梯时的注意事项

(1) 看好边沿,一步跨出电梯。

(2) 乘梯结束,请快速稳步跨出扶梯,离开扶梯出口区域不要停下交谈或四处张望，请主动为后面的乘客让行。

5-27　怎样做好自动扶梯和自动人行道的日常检查工作？

（1）在每次开始运行前，应对自动扶梯与自动人行道进行准备性试运行，经试运行正常方能投入正常运行。

（2）自动扶梯与自动人行道起动或停止时，应注意梯级或踏板、胶带上无人乘行。

（3）起动后应检查出入口处的使用须知及警示标牌是否完好无缺。

（4）应清除梯级或踏板、胶带上和梳齿板前的垃圾。

（5）察看梯级（或踏板、胶带）与围裙板之间的间隙是否正常。应保证梯级与围裙板一侧的水平间隙不大于 4mm，两侧的水平间隙总和应不大于 7mm。同时应保证梯级与围裙板之间无刮擦现象。如有异常，应立即进行调整。

（6）检查梳齿板与梯级或踏板、胶带无断齿现象，如有应及时向管理部门汇报并安排更换。

（7）自动扶梯向上运行时，扶手带不应脱离扶手带导轨而向上抬头，手拉住扶手带并跨上自动人行道时，扶手带不应有滞后现象，否则应调节扶手带的张紧状态。

（8）正常运行时，也应进行巡视检查，一旦发现问题马上检修。同时对于不符乘行要求的乘客纠正其行为，特别是防止小孩在自动扶梯梯级上进行玩耍。

5-28　如何维护自动扶梯和自动人行道？

1. 润滑清洁工作

自动扶梯与自动人行道应按照使用维护说明书的要求，定期对机房进行清洁，定期对易磨损部件进行润滑，在润滑的同时应检查各部件有无明显的磨损及损坏痕迹。

2. 扶手装置的检查维护

（1）扶手带应无裂纹、变形，且内部衬垫不应磨损至露出承拉衬物，如发生上述情形，应及时更换扶手带。

（2）扶手带压滚轮应无可见磨损及损坏痕迹。

（3）扶手带驱动轮和驱动胶带应无断齿，且无可见磨损及损坏痕迹。

（4）扶手带速度与梯级（或踏板、胶带）速度应基本相同，其差值不能大于2%，且只能扶手带速度大于或等于梯级速度。

3. 驱动装置的检查维护

（1）电动机应运行正常，无异常噪声。

（2）减速器应运行正常，无杂音、冲击和异常的振动，且各接合面处不应有渗漏油现象。

（3）制动器应工作可靠，无明显的延迟现象，且自动扶梯与自动人行道的制动距离符合要求。

（4）传动链轮、传动链条之间应能够可靠啮合，无过量磨损及损坏痕迹。

4. 梯路运行系统的检查维护

（1）牵引链条与牵引链轮、张紧链轮之间应能够可靠啮合，无过量磨损及损坏痕迹。

（2）两侧牵引链条张紧弹簧之间的长度差应符合要求，无失效现象。

（3）导轨应光滑平整，无锈蚀现象。

（4）梯级与梳齿板之间应啮合正常，无跑偏现象。

5. 金属结构的检查维护

金属结构杆件间的联接应可靠，无松脱及变形现象。

6. 电气设备的检查维护

（1）各电气设备应完好且工作可靠。

（2）控制柜内应保持清洁、无积尘。

（3）导体之间和导体对地之间的绝缘电阻应大于 $1000\Omega/V$，并且其值不得小于：

1）动力电路和电气安全装置电路：$0.5M\Omega$。

2）其他电路：$0.25M\Omega$。

（4）断相保护装置应灵敏可靠。

7. 安全装置的检查维护

（1）各安全装置应完好且动作可靠，动作时自动扶梯与自动人行道应能自动停止运行。

（2）传动链断裂保护装置应保证传动链松弛时能够可靠动作。

（3）牵引链条伸长或断裂保护装置应保证开关动作距离小于 2mm。

（4）梯级塌陷保护装置应保证开关动作距离小于 4mm。

（5）围裙板保护装置应保证开关动作距离小于 1mm。

（6）扶手带入口保护装置应保证有异物进入时能可靠动作。

（7）梳齿板保护装置应保证梯级进入梳齿板处有异物夹住时能可靠动作。

8. 检查维护时的安全预防措施

（1）在自动扶梯或自动人行道的出入口处设立障碍物和警示标牌。

（2）机房入口处设专人监护。

（3）绝对防止自动扶梯与自动人行道负载起动。

（4）当有梯级、踏板等从自动扶梯或自动人行道上拆下时，只允许使用检修控制开关进行操作。

（5）检查维护结束后，应能够保证自动扶梯与自动人行道上清洁无杂物。

5-29　应该怎样排除梯级和曳引链的故障？

1. 梯级的故障

（1）梯级故障现象：梯级是乘客乘梯的站立之地，也是一个连续运行的部件。由于环境条件、人为因素、机件本身等原因造成的故障主要包括：踏板齿折断，支架主轴孔处断裂，支架盖断裂，主轮脱胶。

（2）梯级故障排除方法：更换踏板，更换支架，更换支架盖，更换主轮，更换整个梯级。

2. 曳引链的故障

（1）曳引链故障现象：曳引链是自动扶梯最大的受力部件，由于长期运行，磨损也相应较严重，主要故障包括：润滑系统故障，曳引链严重磨损，曳引链严重伸长。

（2）曳引链故障排除方法：更换曳引链，调整曳引链的张紧装置，清除曳引链的灰尘。

 5-30　如何排除驱动装置的故障？

（1）驱动装置故障现象：驱动装置的异常响声，驱动装置的温升过快过高。

（2）驱动装置故障原因及排除方法：

1）检查电动机两端轴承。减速机轴承、蜗杆蜗轮磨损，带式制动器制动电动机损坏，单片失电制动器的线圈和摩擦片间距调整不适合，驱动链条过松上、下振动严重或跳出。

2）电动机轴承损坏、电动机烧坏、减速器油量不足，油品错误、制动器的摩擦副间隙调整不适合、摩擦副烧坏、线圈内部短路烧坏。

3）以上两条中的配件应修复，不能修复的配件应更换。

 5-31　如何排除梯路的故障？

（1）梯路的故障现象：梯级跑偏，梯级在运行时碰擦围裙板。

（2）梯路故障的原因：

1）梯级在梯路上运行不水平、分支各个区段不水平。

2）主辅轨、反轨、主辅轨支架安装不水平。

3）相邻两梯级间的间隙在梯级运行过程中未保持恒定。

4）两导轨在水平方向平行不一致。

（3）梯级故障的排除方法：

1）调整主辅轨的导轨、反轨和支撑架。

2）调整上分支主辅轮中心轨。

3）调整上下分支导轨曲线区段相对位置。

 5-32　如何排除梳齿前沿板的故障？

（1）梳齿板前沿板故障现象及原因分析：扶梯运行时，梯级周而复始地从梳齿间出来进去，每小时载客8000~9000人次，梳齿的工作状况可想而知，梳齿杆易损坏；前沿板表面有乘客鞋底带的泥沙；梳齿板齿断裂造成乘客鞋底带进的异物卡住；梳齿的齿与梯级的齿槽啮合不好，当有异物卡入时产生变形、断裂。

（2）梳齿前沿板故障排除方法：

1）扶梯出入口应保持清洁，前沿板表面清洁无泥沙。

2）梳齿板及扶梯出入口保证梳齿的啮合深度。

3）调整梳齿板、前沿板、梳齿与梯级的啮合尺寸。

4）调整前沿板与梯级踏板上表面的高度。

5）调整梳齿板水平倾角和啮合深度。

6）如果一块梳齿板上有 3 根齿或相邻 2 齿损坏，必须立即予以更换。

 5-33　怎样排除扶手装置的故障？

（1）扶手装置故障现象：扶手装置的故障常发生在扶手驱动部分，由于位置的限制，结构设计有一定的困难，易发生轴承、链条、驱动带损坏。

（2）扶手装置故障原因分析：扶手带长期运行，会发生伸长，通过安装在扶梯下端的调节机构把过长部分给吸收掉。扶手带运行时，圆弧端处有时发出沙沙声，这是因为圆弧端的扶手支架内有一组轴承，此异常声往往是轴承损坏，应及时更换。

（3）扶手装置故障排除方法：

1）用户单位在例行检查时，应适度调节驱动链的松紧程度：直线压带式的压簧不宜过紧，圆弧压带式的压簧不宜过紧；各部轴承处按要求添加润滑脂。

2）适度调整驱动链松紧度；调整压带簧松紧度；轴承链条驱动带损坏应及时更换或修理。

 5-34　如何排除安全保护装置的故障？

（1）安全保护装置故障现象：

1）曳引链过分伸长或断裂故障。

2）梳齿异物保护装置故障。

3）扶手带进入口安全保护装置故障。

4）梯级下沉保护装置故障。

5）驱动链断链保护装置故障。

6）扶手带断带保护装置故障。

（2）扶梯安全保护装置故障原因分析：

1）当曳引链过分伸长或断裂时，曳引链条向后移动，行程开关动作后断电停机。

2）梳齿板异物保护利用一套机构使拉杆向后移动，从而使行程开关动作断电停机。

3）扶手带进入口安全保护装置利用杠杆作用放大行程后触及行程开关，从而达到停电。

4）梯级下沉保护装置一旦发生故障，下沉部位碰到检测杆，使检测杆动作触动行程开关动作，从而达到停机。

5）驱动链断链保护装置是通过双排套筒滚子传动带，使动力通过减速机再传递给驱动主轴（按规定提升高度超过6m时应配置此装置）。当驱动链断裂后能使行程开关断电。

6）扶手带断带保护装置，当扶手带没有经过大于25kN拉力实验须设置此保护装置；扶手带通过驱动轮使之传动，一旦扶手带断裂，受扶手带压制的行程开关上的滚轮向上摆动而达到停电停机。

（3）安全保护装置故障排除方法：

1）检查曳引链压簧，曳引链行程开关；检查曳引链条向后移动碰块。

2）检查异物卡机构；检查异物卡行程开关。

3）检查扶手带入口安全装置，如碰板、行程开关。

4）检查梯级下沉装置；检查行程开关。

5）检查驱动链保护装置，按规定调整。

6）检查扶手断带保护装置。

 5-35 消防电梯有什么特点？

消防电梯，顾名思义，指在消防起动的情况下让消防员使用的电梯。一般消防电梯也如普通电梯，消防后返回到基站层，保持开门状态。消防员来后可以使用此电梯进行消防作业。

（1）消防电梯一般在火灾情况下能正常运行，而普通电梯则没有太多的要求。

（2）消防电梯必须是双电源引入到端部的配电箱体内，消防电梯在其他电源切断时，仍能利用消防专用电源运行。消防电梯比普通电梯多了一路消防电源，在发生火灾时，由消防电源供电，供消防队员救火和楼内人员逃生使用。

（3）消防电梯内应设专用操纵按钮，即在火灾报警探头发出报警信号，延时 30s 确认是火灾后，其他电梯全部降到首层，只有按专用按钮，才可运行。消防电梯自首层到顶层运行时间不能大于 60s。

（4）消防电梯井底有排水设施。消防电梯井底还设置集水坑，容积不小于 $2m^3$，潜水排污泵流量不小于 10L/s，这是普通电梯所没有的。

（5）消防电梯内还设专用的消防电话。

（6）消防电梯内的装修材料，必须是非燃建材。

（7）消防电梯动力与控制电线应采取防水措施，消防电梯的门口应设有漫坡防水措施。

消防电梯和普通电梯的差别主要体现在以上方面，消防电梯具有一定的特殊性，它的作用和普通电梯必然是不同的。

普通电梯则不可用于消防救生，着火时搭乘普通电梯将有生命危险。

5-36 怎样使用消防电梯？

（1）消防队员到达首层的消防电梯前室（或合用前室）后，首先用随身携带的手斧或其他硬物将保护消防电梯按钮的玻璃片击碎，然后将消防电梯按钮置于接通位置。因生产厂家不同，按钮的外观也不相同，有的仅在按钮的一端涂有一个小"红圆点"，操作时将带有"红圆点"的一端压下即可；有的设有两个操作按钮，一个为黑色，上面标有英文"OFF"，另一个为红色，上面标有英文"ON"，操作时将标有"ON"的红色按钮压下即可进入消防状态。

（2）电梯进入消防状态后，如果电梯在运行中，就会自动降到首层站，并自动将门打开，如果电梯原来已经停在首层，则自动打开。

（3）消防队员进入消防电梯轿厢内后，应用手紧按关门按钮直至电梯门关闭，待电梯起动后，方可松手，否则，在关门过程中如松开手，门则自动打开，电梯也不会起动。有些情况，仅紧按关门按钮还是不够的，应在紧按关门按钮的同时，用另一只手将希望到达的楼层按钮按下，直到电梯起动才能松手。

电话与宽带网络

6-1   电话通信系统有什么功能？

　　电话信号的传输与电力传输和电视信号传输不同，电力传输和电视信号传输是共用系统，一个电源或一个信号可以分配给多个用户，而电话信号是独立信号，两部电话机之间必须有两根导线直接连接。因此，有一部电话机，就有两根（一对）电话线。从各用户到电话交换机的电话线路数量很大，这不像供电线路，只要几根导线就可以连接许多用户。一台交换机可以接入电话机的数量用门计算，如 200 门交换机、800 门交换机等。

　　交换机之间的线路是公用线路，由于各种电话机不会都同时使用线路，因此，公用线路的数量要比电话机的门数少得多，一般只需要 10% 左右。由于这些线路是公用的，就会出现没有空闲线路的情况，就是占线。

　　如果建筑物内没有交换机，那么进入建筑物的就是接各种电话机的线路，楼内有多少部电话机，就需要有多少对线路引入。

　　科学技术的迅速发展及人类社会信息化的快速需求，推动着现代通信技术不断地向更高水平迈进。物业小区内部的通信系统是以数字程控交换机为控制中心的通信网络。它可以用于小区或物业大厦用户的内部通话，还可以通过中继线进入公用电话网，与全国乃至世界各地通话；它不仅能为用户提供普通电话通信服务，还可以利用网络为用户提供数据交换、多媒体通信等多种信息交换服务。例如，可以与传真机、个人计算机及各种自动化设备连接，实现外围设备与数据信息共享，其综合业务网如图 6-1 所示。

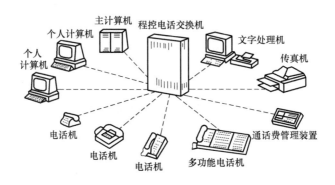

图 6-1　程控电话综合业务网示意图

6-2　小区电话系统有什么特点？

住宅小区电话系统总体上与普通的电话系统具有相同的特点，但也有一定的区别。下面仅就住宅小区电话系统的特点，给出几点有关总体方案设计的说明。

1. 住宅性质和规模

住宅性质和规模决定了住宅小区的电话系统的总体形式。对于一般社会化商品住宅，由于不存在小区住户之间大量内部呼叫通话的需要。因此，一般不需要专用的用户交换机和远端模块，一般可以就近直接与市局电话网相通。如果该住宅小区规模非常庞大，电话线数非常可观，可以考虑在能进一步增加用户群的地点设立远端模块或支局。对于企事业单位的住宅小区，工作单位与住宅区地理上距离比较近，此时尽管住宅可能是商品房，但是，小区住户之间、住户与单位之间存在大量的内部话务量，此时，宜设立专用用户交换机或远程模块，例如大的高等院校、厂矿等。

2. 容量

对于住宅小区来说，电话系统容量基本上是稳定的。因此，在设计时，一般每户按 1 对局线考虑，初装容量和终装容量基本一样，近期扩容量可以忽略。当然，随着电信事业的发展，对于高等级住宅，也可以考虑每户按两对局线设计。

3. 特殊用户

对于一些特殊的住宅区，例如重要政府机关、机要部门等的住宅小区，经常需要专用内部电话和普通外部（市局）电话。这时需要用专用交换机实现内部通话，用普通市局线实现外部通话。因此，同一单元存在两套独立的电话布线系统，分别满足不同的通信要求。

4. 多电信运营商

随着电信市场的开放，很可能有多个电信服务商为小区住户提供服务，用户可以随时更换电信服务商。在这种情况下，住宅内部电话网络布线不易变化，而从住宅小区的电信接入点看是容易实现的。因此，应适当考虑设备间空间扩充变化的需求。

5. 使用方式

一般住宅用户种类分散，小区住户之间话务量很少，且多直接接入市局电话网，使用时希望方便、快捷。因此，住宅小区电话宜采用全自动直拨方式。

 ## 6-3 电话通信系统由哪几部分组成？

电话通信系统的基本目标是实现某一地区内任意两个终端用户之间相互通话，因此电话通信系统必须具备 3 个基本要素：① 发送和接收话音信号；② 传输话音信号；③ 话音信号的交换。

这 3 个要素分别由用户终端设备、传输设备和电话交换设备来实现。一个完整的电话通信系统是由终端设备、传输设备和交换设备三大部分组成的，如图 6-2 所示。

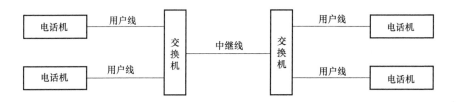

图 6-2 电话通信系统示意图

在现代化建筑大厦中的程控用户交换机，除了基本的线路接续功能之外，还可以完成建筑物内部用户与用户之间的信息交换，以及内部用户通过公共电话网或专用数据网与外部用户之间的话音及图文数据进行传输。程控用户交换机（PABX）通过各种不同功能的模块化接口，可组成通信能力强大的综合业务数字网（ISDN）。程控用户交换机的一般性系统结构如图6-3所示。

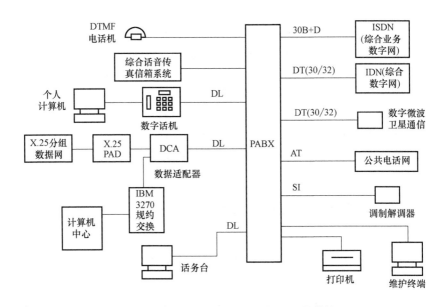

图6-3　程控用户交换机的一般性系统结构

 6-4　怎样识读住宅楼电话工程图？

1. 电话系统工程图中的图形符号

电话系统工程图中的图形符号见表6-1。

2. 某住宅楼电话工程图的识读

某住宅楼电话工程图如图6-4所示。

在图6-4中，"HYA-50(2×0.5)-SC50-FC"表示进户使用HYA-50(2×0.5)型电话电缆，电缆为50对，每根线芯的直径为0.5mm，穿直径为50mm的焊接钢管（SC）埋地敷设（FC）。电话分接线箱TP-

1-1 为一只 50 对线电话分接线箱，型号为 STO-50。箱体尺寸为 400mm×650mm×160mm，安装高度距地 0.5m。进线电缆在箱内与本单元分户线和分户电缆及到下一单元的干线电缆连接。下一单元的干线电缆为 HYV-30（2×0.5）型电话电缆，电缆为 30 对线，每根线的直径为 0.5mm，穿直径为 40mm 的焊接钢管（SC）埋地敷设（FC）。

表 6-1　电话系统工程图中的图形符号

序号	名称	图形符号	序号	名称	图形符号
1	总配线架		4	电话插座	TP
2	中间配线架		5	室内分线盒	
3	壁龛交接箱		6	电话机	

一二层用户线从电话分接线箱 TP-1-1 引出。"RVS-1（2×0.5）-SC15-FC-WC"表示各用户线使用 RVS 型双绞线，每条的直径为 0.5mm，穿直径为 15mm 的焊接钢管埋地、沿墙暗敷设（SC15-FC-WC）。从 TP-1-1 到三层电话分接线箱用一根 10 对线电缆，电缆线型号为 HYV-10（2×0.5），穿直径为 25mm 的焊接钢管沿墙暗敷设。在三层和五层各设一部电话分接线箱，型号为 STO-10，箱体尺寸为 200mm×280mm×120mm，均为 10 对线电话分接线箱。安装高度距地 0.5m。三层到五层也使用一根 10 对线电缆。三层和五层电话分接线箱分别连接上下层四户的用户电话出线口，均使用 RVS 型双绞线，每条直径为 0.5mm。每户内有两个电话出线口。

❓ 6-5　如何选择电话电缆和电话线？

电话信号是独立信号，两部电话机之间必须有两根导线直接连接。因此，有一部电话机，就有两根（一对）电话线。建筑物内到各用户电话机的电话线路数量很大。如果建筑物内有电话交换机，那么进入建筑物的线路就大大减少。交换机之间的线路是公用线路，一般只需要电话机数量的 10%左右。一台交换机可以接入电话机的数量用

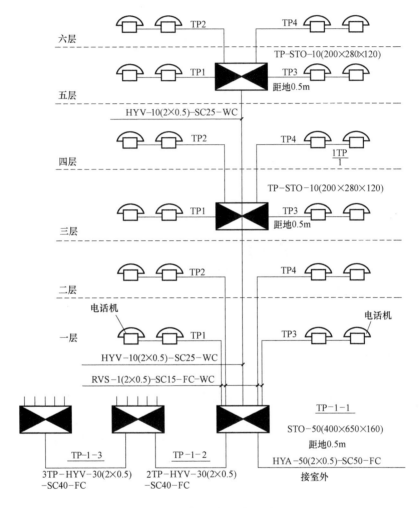

图 6-4 某住宅楼电话工程图

门计算，如 200 门交换机。

建筑物内电话系统的组成如图 6-5 所示。

通信电缆是传输电气信息用的电缆。按其用途分为市内电话电缆、长途通信电缆、局内配线架到机架或机架之间的连接的局用电缆、用作电话设备连接线的电话软线、综合通信电缆、共用天线电视

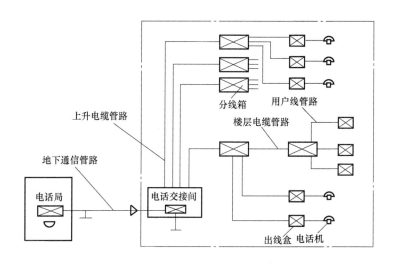

图 6-5 建筑物内电话系统组成

电缆、射频电缆及光缆。用于电话通信线路、综合布线系统、电缆电视系统。

室内常用电话电缆主要有两类：HYA 型综合护层塑料绝缘市内电话电缆和 HPVV 型铜芯全聚氯乙烯配线电缆。HYA 型综合护层塑料绝缘市内电话电缆可在室外直埋或穿管敷设。室内可架空或沿墙敷设。HPVV 型铜芯全聚氯乙烯配线电缆为室内使用的电缆，可穿管或沿墙敷设。主要标称截面积规格有：0.4mm^2、0.5mm^2、0.6mm^2。HYA 型电缆对数有：10、20、30、50、100、200、400、600、900、1200、1800、2400。HPVV 型电缆对数有：5、10、15、20、25、30、50、80、100、150、200、300。例如，电话电缆规格标注为 HYV-10（2×0.5），其中 HYV 为电缆型号，10 表示电缆内有 10 对电话线，2×0.5 表示每对线为 2 根，每根的标称截面积为 0.5mm^2。

电话线就是电话的进户线，它是连接用户电话机的导线。管内暗敷设使用的电话线是 RVB 型塑料并行软导线，或 RVS 型塑料双绞线，规格为 $2×0.2\text{mm}^2 \sim 2×0.5\text{mm}^2$。

电话线常见规格有 2 芯和 4 芯。一般家庭如果是现在市话使用模式，2芯足够使用。如果是公司或部分集团电话使用，考虑到电话宽带使用需要，建议使用4芯电话线较好，如果使用的是数字电话，则建议用6芯的电话线。

6-6　如何选择电话系统的电缆交接箱？

交接箱是设置在用户线路中用于主干电缆和配线电缆的接口装置，主干电缆线对在交接箱内按一定的方式用跳线与配线电缆线对连接，可做调配线路等工作。交接箱主要是由接线模块、箱架结构和机箱组装而成。交接箱按安装方式可分为落地式、架空式和壁挂式三种。交接箱的主要指标是其容量，交接箱的容量是指进、出接线端子的总对数，按行业标准规定，交接箱的容量系列为300、600、900、1200、1800、2400、3000、3600对等规格。

落地式又分为室内和室外两种。落地式适用于主干电缆、配线电缆都是地面下敷设，或主干电缆是地面下敷设、配线电缆是架空敷设的情况。落地式交接箱的外形如图6-6所示。

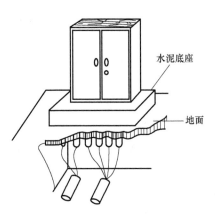

图6-6　落地式交接箱的外形

架空式交接箱适用于主干电缆和配线电缆都是空中杆架设的情况，它一般安装于电信杆上，300对以下的交接箱一般用单杆安装，600对以上的交接箱安装在双杆上。

壁挂式交接箱的安装是将其嵌入在墙体内的预留洞中，适用于主干电缆和配线电缆敷设在墙内的场合。

6-7　如何选择电话分线箱？

分线箱是电缆分线设备，一般用在配线电缆的分线点，配线电缆通过分线箱与用户引入线相连。建筑物内的分线箱暗装在楼道中，高层建筑安装在电缆竖井配电小间中。分线箱的接线端对数有 20、30 等。分线箱内装有接线端子板，一端接干线电缆，另一端接用户电话线，分线箱的内部结构如图 6-7 所示。

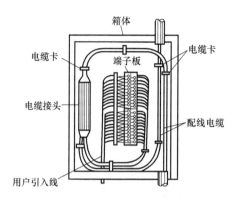

图 6-7　分线箱的内部结构

6-8　如何选择电话系统的用户出线盒？

用户出线盒是用户引入线与电话机的电话线的连接装置。出线盒面板规格与电器开关插座的面板规格相同。面板分为无插座型和有插座型。无插座型出线盒面板只是一个塑料面板，中央留直径 1cm 的圆孔，如图 6-8 所示。线路电话线与用户电话机线在盒内直接连接，适用于电话机位置较远的用户，用户可以用 RVB 导线做室内线，连接电话机接线盒。

有插座型出线盒面板分为单插座和双插座，面板上为通信设备专用 RJ-11 插口，要使用带 RJ-11 插头专用导线与之连接。使用插座型面板时，线路导线直接接在面板背面

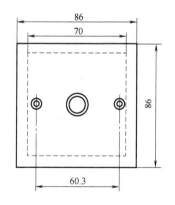

图 6-8　无插座型出线盒面板

的接线螺钉上。插座上有四条线，只用中间的两条线，如图6-9所示。

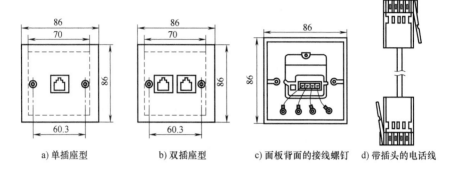

a) 单插座型　　　　b) 双插座型　　　　c) 面板背面的接线螺钉　　d) 带插头的电话线

图6-9　有插座型出线盒面板

 ## 6-9　小区电话线路敷设有哪些要求？

1. 线路敷设的基本要求

（1）小区内电话线严禁与强电线敷设在同一线管、线槽及桥架内，也不可以同走一个线井。如果无法分开，则电话系统的线缆与强电线缆应间隔60cm以上。

（2）在对电话系统进行施工时，要注意不要超过电缆所规定的拉伸张力。张力过大会影响电缆抑制噪声的能力，甚至影响电话线的质量，改变电缆的阻抗。

（3）在对电话系统进行施工操作时，要避免电话线的过度弯曲，防止电话线的断裂情况。

（4）在对电话系统施工操作时，应避免成捆电话线的缠绕。

2. 电话线接线的工艺要求

（1）电话线的接头不要使用电工绝缘胶带缠绕，应使用热塑套封装。

（2）线槽及管道内的电话线不得有接头，应将电话线的接头设置在接线端子的附近。

（3）对电话系统的每一根连接线都应在两端标记上同一编号，以便于住户内的电话线的连接。

6-10　怎样用暗管敷设小区电话线路?

（1）多层建筑物宜采用暗管敷设方式；高层建筑物宜采用电缆竖井与暗管敷设相结合的方式。

（2）一根电缆管一般只穿放一根电缆，不得再穿放用户电话引入线等。

（3）每户设置一根电话线引入管，户内各室之间宜设置电话线联络暗管，以便于调节电话机安装位置。

（4）暗管直线敷设长度超过 30m 时，电缆暗管中间应加装过路箱。

（5）暗管必须弯曲敷设时，其长度应小于 15m，且该段内不得有 S 弯。连续弯曲超过两次时，应加装过路箱（盒）。

（6）电缆暗管弯曲半径应不小于该管外径的 8 倍，在管子弯曲处不应有皱折纹和坑瘪，以免损伤电缆。

（7）在易受电磁干扰的场所，暗管应采用钢管并可靠接地。

（8）暗管必须穿越沉降缝或伸缩缝时，应做好沉降或伸缩处理。

（9）地下通信管道与其他地下管线及建筑物最小净距应符合表6-2的规定。

表 6-2　暗配线管与其他管线的最小净距　（单位：mm）

其他管线 相互关系	电力 线路	压缩 空气管	给水管	热力管 （不包 封）	热力管 （包封）	煤气管	备　　　注
平行净距	150	150	150	500	300	300	间距不足时应加绝缘层,应尽量避免交叉
交叉净距	50	20	20	500	300	20	

注：采用钢管时，与电力线路允许有交叉接近，钢管应接地。

（10）建筑物内暗配管路应随土建施工预埋，应避免高温、高压、潮湿及有强烈振动的位置敷设。

 6-11　楼内电话暗配线时应该注意什么?

楼内电话暗配线的注意事项如下：

（1）建筑物内暗配线宜采用直接配线方式，同一条上升电缆线对不递减。

（2）建筑物内暗配线电缆应采用铝塑综合护套结构的全塑电缆。

（3）分接设备的接续元件宜为卡接式或旋转式等定型产品。

（4）在改扩建工程中，暗管敷设确有困难时，楼内配线电缆和用户电话线可利用明线槽、吊顶、地板、踢脚板等在其内部敷设。

 6-12　如何设置楼内电信上升通道？

楼内电信上升通道的设置方法如下：

（1）电信竖井宜单独设置，其宽度不宜小于1m，深度宜为0.3～0.4m，操作面不小于0.8m，电缆竖井的外壁在每层都应装设阻燃防火操作门，门的高度不低于1.85m，宽度与电缆竖井相当。

（2）电信竖井的内壁应设电缆铁架，其上下间隔宜为0.5～1m，每层楼的楼面洞口应按消防规范设防火隔板。同时电信竖井也可与其他弱电电缆线综合考虑设置。

（3）若设置专用竖井有困难，应在综合竖井内与其他管线间保持0.8m以上间距，并采取相应的保护措施。强电线路与弱电线路应分别布置在竖井两侧，以防止强电对弱电的干扰。

 6-13　安装电话交接间应满足哪些要求？

（1）每栋住宅楼必须设置一个专用电话交接间。电话交接间宜设在住宅楼底层，靠近竖向电缆管道的上升点，且应设在线路网中心，靠近电话局或室外交接间一侧。

（2）交接间使用面积，高层不应小于6m²，多层不应小于3m²。室内净高不小于2.4m，通风良好，有保安措施，设置宽度为1m，为外开门。

（3）电话交接间内可设置落地式交接箱。落地式电话交接箱可以横向也可以竖向放置。

（4）楼梯间电话交接间也可安装壁龛交接箱。

（5）交接间内应设置照明灯及220V电源插座。

（6）交接间内通信设备可用住宅楼综合接地线作保护接地（包括电缆屏蔽接地），其综合接地时接地电阻不宜大于1Ω，独立接地时接地电阻应不大于 5Ω。

 6-14 怎样安装电话交接和分线设备？

1. 落地式交接箱的安装

（1）交接箱基础底座的高度不应小于 200mm，在底座的 4 个角上应预埋 4 个镀锌地脚螺栓，用来固定交接箱，且在底座中央留置适当的长方洞作电缆及电缆保护管的出口。

（2）将交接箱放在底座上，箱体下边的地脚孔应对正地脚螺栓，且拧紧螺母加以固定。

（3）将箱体底边与基础底座四周用水泥砂浆抹平，以防止水流进底座。

2. 电话壁龛的安装

（1）壁龛可设置在建筑物的底层或二层，且安装高度应为其底边距地面 1.3m。

（2）壁龛安装与电力、照明线路及设施最小距离应为 300mm 以上；与煤气、热力管道等最小净距不应小于 300mm。

（3）壁龛与管道应随土建墙体施工预埋。接入壁龛内部的管子，管口光滑，在壁龛内露出长度为 10～15mm。钢管端部应有丝扣，且用锁紧螺母固定。

（4）壁龛主进线管和进线管，一般应敷设在箱内的两对角线的位置上，各分支回路的出线管应布置在壁龛底部和顶部的中间位置上。

3. 电话分线盒和出线盒的安装

（1）住宅楼房电话分线盒安装高度，其上边距顶棚为 0.3m。

（2）用户出线盒安装高度，其底边距地面为 0.3～0.4m。若采用地板式电话出线盒，宜设在人行通道以外的隐蔽处，其盒口应与地面平齐。

4. 电话过路箱（盒）的安装

（1）直线（水平或垂直）敷设电缆管和用户线管，长度超过 30m 时应加装过路箱（盒），管路弯曲敷设两次也应加装过路箱（盒），以便穿线施工。

（2）过路箱（盒）应设置在建筑物内的公共部分，其底边距地面为 0.3～0.4m 或距顶 0.3m。

 6-15　怎样安装电话插座？

电话插座的安装方法如下：

（1）电话插座的安装方法与电源插座的安装方法基本相同，一般暗装于墙内，暗装插座的底边距地面高度一般为 0.3m。

（2）当插座上方位置有暖气管时，其间距应大于 200mm；下放有暖气管时，其间距应大于 300mm。

（3）一般电话机不需要电源，但如果使用无绳电话机，在主机和副机处都要留有电源插座。电话插座与电源插座要间距 0.5m，所以要安排好各插座在墙面上的位置。

（4）插座、组线箱等设备应安装牢固，位置准确。

（5）清理箱（盒）。在导线连接前清洁箱（盒）内的各种杂物，箱（盒）收口平整。

（6）接线。将预留在盒内的电话线留出适当长度，引出面板孔，用配套螺钉固定在面板上，同时走平，标高应一致。

（7）若面板在地面出口采用插接方式，将导线留出一定余量，剥去绝缘层，把线芯分别压在端子上，并做好标记。若导线在组线箱内，剥去绝缘层，把线芯分别压在组线箱的端子排上，且做好标记。组线箱门应开启灵活，油漆完好。

（8）校对导线编号。根据设计图样按组线箱内导线的编号，用对讲机核对各终端接线，核对无误后，同时做好标记。

 6-16　如何正确安装电话机？

电话机的安装方法如下：

（1）电话机不能直接同线路接在一起，而是通过电话出线盒（即接线盒）与电话线路连接。

（2）室内线路明敷时，采用明装接线盒，即两根进线、两根出线。电话机两条线无极性区别，可以任意连接。

（3）将本机专用外插线，水晶头一端插入相对应的外线插口，另一端接入外线接线盒上。

（4）将手柄曲线一端水晶头插入送话器下端的插口，另一端水晶头插入座机左侧插口。

 6-17　怎样维护保养程控交换机？

维护保养程控交换机的方法如下：

（1）通过交换机的维护终端，用软件程序对其内部模块工作状态进行扫描。

（2）对发出报警的模块继续跟踪，对不同的模块用相应的软件程序检测其内部故障，并打印输出模块内部故障检测结果，上报相关领导。

（3）对不影响模块运行的故障，可暂时不必更换模块，对影响运行的故障，须按有关领导指示，在指定的时间内更换模块。

（4）用交换机系统软件检测所有现场设定的内容，并打印输出检测结果。

（5）检查现场设定、修改的所有参数，发现问题及时上报有关领导。

（6）检查交换机柜内积尘情况，并用相应的工具进行除尘工作。

（7）检查各种交换机仪表的指示值，并与标准工作状态下的指示值相比较。

 6-18　怎样维护电话线路？

小区内电话系统主要是为小区业主提供与外界的通话联系，它是处于长时间工作状态的系统。因此需要对其进行日常维护，以免出现无法正常使用的故障。小区电话系统日常维护保养工作内容如下：

（1）定期检查电话系统中配线箱的安装状态，以免出现电话连接端子连接不正常的情况，影响居民的正常使用。

（2）定期检查交换机的运行情况，以免由于长时间处于工作状态，导致运行状态不良的情况。

（3）定期检查电话线路是否有断裂、老化现象，发现问题及时处理。

（4）由于电话配线箱安装在每栋楼中的一楼楼道中，因此在检查时，要注意检查配线箱是否有打开或被撬开的痕迹。

（5）对电话线水晶头进行检查，若电话线水晶头出现断裂、连接不良等情况，应及时更换水晶头。

 6-19　电话机有哪些常见故障？应该怎样排除？

1. 通话时，电话机的听筒里出现不规则的杂音

（1）首先应该检查电话机听筒里出现的杂音，是来自对方电话机还是其自身。若偶尔在接听电话时有杂音出现，则来自对方电话机的可能性最大；如果每次接听电话时听筒里均有杂音，则说明电话机自身及线路存在故障。

（2）若确定杂音来自电话机自身，应检查听筒与电话机连接插头处是否有松动、污物、接触不良现象，电话机与电话接线盒处固定螺钉是否松动等。

（3）如果电话机手柄内的送话器与连接线接触不良，产生虚焊，也会造成通话时的杂音，可旋下手柄盖的固定螺钉，仔细检查连线各焊点，确保接触良好。

2. 在接听电话时，对方讲话的声音很轻

（1）首先应检查电话机音量开关是否置于最小处，若音量开关已处最大，而对方的声音仍很轻，则应检查受话器是否有故障。

（2）然后检查受话器，可将受话器从手柄内拆下，将万用表置于R×1档，用表笔触碰受话器两端点，受话器应发出很清脆的"喀喀"响声，声音越大其性能越好，反之则说明其性能很差。如果以上检测时受话器声响很弱或完全无声，应更换此受话器。

（3）如果受话器正常，则应检查电话机电路中信号放大、受话及输出等部分元器件。

3. 在拨号时，某个号码键不能拨号

这类故障大多是拨号键与机内印制板上的触点之间产生污物或导电橡胶失去导电功能所致。检修方法如下：

（1）先拆开电话机后盖并取下整块导电橡胶块。

（2）然后用沾有无水酒精的棉球仔细清洗每一个按键触点，并同时清洗印制板上的各触点。

（3）待晾干后，装回电话机即可。

6-20　宽带网络由哪几部分组成？

宽带在基本电子和电子通信上，是描述续号或者电子线路包含或者能够同时处理较宽的频率范围。宽带是一种相对的描述方式，频率的范围越大，也就是带宽越高时，能够传送的资料也相对增加。以拨号上网速率上限 56kbit/s 为界，低于 56kbit/s 称为窄带，以上称为宽带。对家庭用户而言是指传输速率超过 1Mbit/s，可以满足语音、图像等大量信息传递的需求。

宽带网络可以分为三大部分：传输网、交换网、接入网。宽带网的相关技术也分为三类：传输技术、交换技术、接入技术。

宽带传输网主要以 SDH（同步数字体系）为基础的大容量光纤网络。

宽带交换网是采用 ATM（异步传输模式）技术的综合业务数字网。

宽带接入网主要有光纤接入、铜线接入、混合光纤/铜线接入、无线接入等。

网吧宽带，就是指所有的计算机都由电话局那端传到网吧的上网代理软件的主机里，由网吧主机统一分配网络到网吧的计费主机中。由计费主机给各个计算机计费。

6-21　怎样安装宽带？

第一步：安装好硬件以后，我们从开始菜单中选择运行 Windows XP 连接向导（开始->程序->附件->通讯->新建连接向导），由于 Windows XP 开始菜单比原来系列的 Windows 系统增加了智能调节功能，自动把常用程序放在最前面的菜单中，所以顺序可能与我们有所区别，Windows XP 在安装过程中也会运行连接向导，你也可以在安装的时候进行设置。

第二步：运行连接向导以后，出现"欢迎使用新建连接向导"画面，直接单击"下一步"按钮。

第三步：然后我们默认选择"连接到 Internet"，单击"下一步"

按钮。

第四步：在这里选择"手动设置我的连接"，然后再单击"下一步"按钮。

第五步：选择"用要求用户名和密码的宽带连接来连接"，单击"下一步"按钮。

第六步：出现提示你输入"ISP 名称"，这里只是一个连接的名称，可以随便输入，例如"zjjs"，然后单击"下一步"按钮。

第七步：在这里可以选择此连接的是为任何用户所使用或仅为您自己所使用，直接单击"下一步"按钮。

第八步：然后输入自己用户名和密码（一定要注意用户名和密码的格式和字母的大小写），并根据向导的提示对这个上网连接进行Windows XP 的其他一些安全方面设置，然后单击"下一步"按钮。

第九步：至此我们的虚拟拨号设置就完成了。

第十步：单击"完成"按钮后，您会看到您的桌面上多了一个名为"zjjs"的连接图标。

第十一步：如果确认用户名和密码正确以后，直接单击"连接"按钮即可拨号上网。

连接成功后，在屏幕的右下角会出现两部计算机连接的图标，至此您可以上网畅游了！

备注：

（1）由于各种不可抗拒的因素，每位网友都可能遇到过系统崩溃的问题，从而不得不选择重装您的操作系统。请在重装完系统后，按照上述提示重装拨号软件和建立拨号连接。

（2）当办理开通、暂停机、重新开通、拆机、移机等业务时，需要拨打客服。

 6-22　上网时经常遇到的问题有哪些？应该如何解决？

ADSL 是英文 Asymmetric Digit Subscriber Line（不对称数字用户线）的英文缩写，ADSL 技术是运行在原有普通电话线上的一种新的高速宽带技术，它利用现有的一对电话铜线，为用户提供上、下行非对称的传输速率（带宽）。非对称主要体现在上行速率（最高

640kbit/s）和下行速率（最高 8Mbit/s）的非对称性上。上行（从用户到网络）为低速的传输，可达 640kbit/s；下行（从网络到用户）为高速传输，可达 8Mbit/s。

上网时经常遇到的问题及解决方法如下：

（1）ADSL 有时不能正常上网。用户在话音分离器之前串接电话机或电话防盗器等设备会影响到数据的正常传输，并直接影响上网的正常使用。

（2）有时 ADSL 上网后访问某些网站时网页打开速度慢。该问题分别有以下几点原因：

1）访问的网站是国外网站或该网站在国外的服务器上，可以通过本地站点下载测试来判断是否正常。

2）网络实际情况以及线路所受到的干扰程度会影响网速。

（3）ADSL 不同步。

1）调制解调器（modem）正常情况下是恒亮，如果不亮或者闪亮，重新插拔调制解调器上的电话线插口试一下。

2）用户检查家中内部线路。确定线路都正常，建议将分离器及电话机拆下，直接与宽带调制解调器连接。如果同步信号正常则是分离器的故障，接口好的情况下检查电话线的接头部分是否正常。

（4）提示不能找到 ADSL 设备。重新起动计算机，如果还不行，可能需要重新驱动网卡或重新安装网卡。

（5）宽带上网连接建立后，可以使用一些如 QQ 等软件，但却无法打开网页。先在 DOS 下 PING 网站的域名，如可以 PING 通，则需要检测浏览器的设置或网吧等局域网是否有防火墙。如 PING 不通，在网卡的 TCP/IP 属性的 DNS 配置中添加解析服务器地址。

（6）在局域网中发现主机可以上网，其他客户机不能上网。如果网络的连接方式采用的是一种单网卡通过 HUB 或交换机连接，可以将调制解调器直接接在服务器上拨号连接测试。当服务器上有双网卡发生拨号连接不通，调制解调器的状态又是正常时，可将连接局域网的那块网卡先禁用，用单机的形式连接测试，如果主机可以正常上网，那就是网络设置上的一些冲突了。

（7）上网时常掉线。

1）线路问题，确保线路连接正确，线路通信质量良好，没有被干扰，如用分线盒，则选用质量较好的。

2）网卡问题：选择质量比较好的网卡。

3）系统软件设置问题：用户不需要设置 IP 地址，系统将会自动分配。如果设置 DNS 一定要设置正确。

4）TCP/IP 协议问题：用户突然发现浏览不正常了，可以试试删除 TCP/IP 协议后重新添加 TCP/IP 协议的方法。

5）软件问题：当发现打开某些软件就有掉线现象，关闭该软件就一切正常时，卸载该软件。

6）防火墙、共享上网软件、网络加速软件等设置不当。

7）ADSL 调制解调器的同步问题：将调制解调器断电后重启。

8）检查入户线路的接头、电话线插头等是否接触可靠。

9）ADSL 调制解调器存在问题。长时间使用导致设备过热，或将设备放置在了干扰源较强的地方（如音箱上，手机或手机充电器旁等）。

第7章

卫星接收与有线电视系统

 7-1 CATV 系统有什么特点？

　　共用天线电视（Community Antenna Television，CATV）系统是当今建筑中应用最为普遍的系统。CATV 系统是一座建筑物或一个建筑群中，选择一个最佳的天线安装位置，安装一组共用天线，然后将接收到的电视信号混合放大，并通过传输和分配网络送至各个用户的电视接收机。配备一定的设备，还可以同时传送调频广播、转播卫星电视节目；配上电视摄像机，可以构成保安闭路电视系统；配上电视放像机等还可以自办电视节目。因此，目前的 CATV 系统已不再仅是共用天线电视系统，它已被赋予了新的含义，已成为无线电视的延伸、补充和发展。它正朝着宽带、双向、各种业务的信息网发展。电视是现代住宅小区、宾馆、写字楼不可缺少的室内设备，因此，CATV 系统已成为物业小区弱电系统中应用最为普遍的系统之一。

 7-2 CATV 系统由哪几部分组成？

　　CATV 系统的组成与接收地区的场强、楼房密集的程度和分布有关，同时还与配接电视机的多少，接收和传送电视频道的数目有关。

　　CATV 系统一般由天线与信号源设备、前端设备和传输分配系统等部分组成，如图 7-1 所示。

1. 信号源

　　信号源设备的功能是接收并输出图像和伴音信号。信号源部分包括各种类型的天线、卫星地面接收站、自办节目用录像机及各种其他信号源。

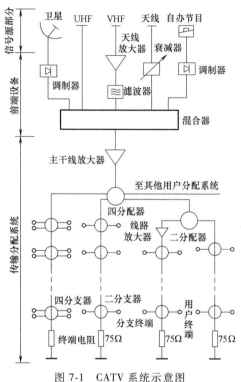

图 7-1　CATV 系统示意图

2. 前端设备

前端设备是指信号源与传输分配系统之间的所有设备，用于处理要传输分配的信号。前端设备是 CATV 系统的核心，它对 CATV 系统的图像质量起着关键的作用。

前端设备一般包括：天线放大器、频道放大器、UHF/VHF 转换器、混合器、调制器、衰减器、分波器、导频信号发生器等。根据系统的规模及要求的不同，其具体组成有所不同。

3. 传输分配系统

传输分配系统包括干线传输分配系统与用户分配网络。干线传输分配系统把前端信号传输分配到用户分配网络；用户分配网络将干线的信号尽可能均匀合理地分配给各用户接收机，并使各用户之间相互隔离、互不影响，即使有的用户输出端被意外地短路，也不会影响其他用户的收看效果。

干线传输分配系统一般包括干线放大器、分配器、干线射频电缆等。用户分配网络一般包括分配器、分支器、线路放大器、用户终端等。

7-3 如何保养 CATV 系统？

（1）每月对 CATV 系统做一次全面保养（对已安装有线电视而闲置的公共天线不保养，但每年仍检查一次安装的牢固性）。

（2）检查天线连接有无松动、生锈、断裂和绝缘老化。

（3）检查天线支撑杆、底座螺钉的固定情况，并加黄油防锈，检查拉线的松紧、防雷接地是否良好。

（4）天线接收系统由于露天安装，受风吹雨淋容易生锈，凡是铁件应每季度在其表面刷银粉漆一次。

（5）在台风、大雨天过后，应检查天线一次。

（6）主放大系统每月除尘一次，检查通风是否良好，连线有无松脱，并用场强仪检查主信号是否正常。

（7）每月检查分支放大器一次，其终端信号应在 60~65dB 之内。

7-4 怎样维修 CATV 系统？

CATV 系统发生故障的维修步骤如下：

（1）检查住户终端板上有无信号，信号是否能达到 60~65dB。

（2）检查楼层分支器信号是否正常，若终端板无信号而分支器信号正常，则表明连接两者之间的天线有问题，应对天线进行检查、维修或更换。

（3）大楼分支器信号不正常时应检查分支放大器输出信号和输入信号是否正常，若输出信号不正常而输入信号正常则表明分支放大器损坏，应对其维修或更换。

（4）分支放大器输入信号不正常时，应检查主放大器输出信号和输入信号是否正常，若发现放大器输入信号正常而输出信号不正常，则表明主放大器损坏，应对其维修或更换。

（5）主放大器输入信号不正常时，应检查前置放大器的输出信号，若不正常，则表明前置放大器损坏，应对其维修或更换。

（6）若前置放大器输入信号不正常，则应检查天线架的方向和天线架本身是否有问题。

 7-5 卫星电视接收系统有什么特点？

从地球上看，卫星永远在太空静止不动。实际上，地球自转时这些卫星也同样围绕地球同步运转。这好像在 35800km 的高度架设一个发射天线，它居高临下。每一颗卫星可以覆盖 40% 的地球表面，三颗卫星就几乎将整个地球覆盖了。图 7-2 所示为同步卫星示意图，从图中可以看出，三颗卫星的公转与地球的自转是同步的，只要把地面接收天线对准卫星即能收到卫星上发来的电信号或电视信号。

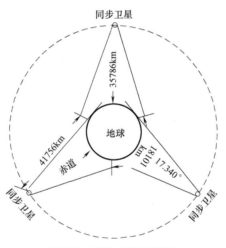

图 7-2　同步卫星示意图

利用卫星转播电视节目有如下优点：

（1）覆盖面广。在 35800km 高空合适的位置放一颗同步卫星，可以使我国的高山、沙漠、海岛及平原地区都能收看电视节目。

（2）与地面广播相比，电磁波能量利用率高。根据计算，较大电视发射台约有 1/10 的功率是有效的，大部分功率损失在转播中。卫星转发器的波束是指向地面的。整个服务区的辐射都比较均匀，中心区与边远区的场强仅差 3~4dB，使电磁波的利用率非常高。

（3）由于卫星广播直接接收，仰角大，反射小，电磁波穿过大气层行程短，受气候和大气层影响小，所以电视图像质量好，信号也较稳定。

（4）要使我国 100% 的领土都能收看电视节目，需建 2000 多座电视发射台和数倍于此的微波中继站，再加上技术人员、管理人员、维修人员等，所需的时间及耗资是可想而知的。采用卫星电视广播可节约 60% 以上的经费。正因如此，我国目前正逐步使用卫星电视广播。

7-6　卫星电视系统由哪几部分构成？

地面电视发射台发射的电视信号，其传播距离和覆盖半径都比较小。采用卫星电视广播系统，是提高电视信号覆盖率和高质量传送电视信号的有效途径。所谓卫星电视广播系统，就是利用同步卫星直接转发电视信号的系统，其作用是相当于一个空间转发站。卫星电视系统由上行发射站、广播卫星、卫星电视接收网三大部分组成，如图 7-3 和图 7-4 所示。

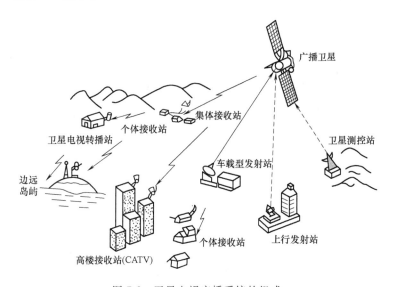

图 7-3　卫星电视广播系统的组成

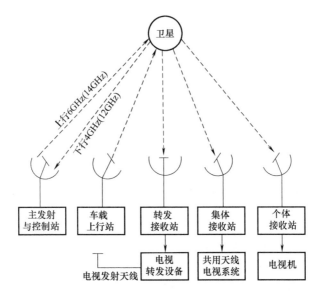

图7-4 卫星电视系统构成示意图

（1）上行发射站（简称上行站）。其任务是把电视中心的节目信号经过调制、变频和功率放大送给卫星。同时也接收由卫星下行转发的微弱信号，用来监测卫星传播节目质量的好坏。该部分也称为控制站，它一般同上行站建在一起。

上行站可以建成多座分站和移动站（如车载式）。有的主站还设有遥测遥控和跟踪设施，可以直接对卫星进行监控。

（2）广播卫星。它是该系统的核心部分，卫星对地面应该是同步的。它的公转必须与地球的自转保持同步，并且姿态正确。星载设备由天线、太阳电池、控制系统和转发器等组成。通过转发器把上行信号经过频率变换及放大后，由定向天线向地面接收网发射信号。

（3）卫星电视接收站（又称地面接收站）。其主要用来接收卫星下发的电视信号。卫星电视接收站一般有以下四种类型：

1）转发接收站。主要用来接收卫星下发的电视信号，作为信号源，供设在该地区的电视台或转播台进行转播，该站设施较复杂，接收到卫星转发的微弱信号后，须经过放大、变频、调制变换，将卫星传送的调频信号变换为残留边带调幅信号，然后再经过变频、功率放大，通过天线发射出去，供各家通过电视机收看节目。

2）电缆网接收站。作用与上述相同，只是通过电缆信号分送到各用户收看电视节目。

3）个体接收设备。用户使用小型天线和简易接收设备收看卫星电视节目。

4）集体接收站。比个体接收设备天线大，接收到卫星节目后，经过各种匹配装置供多台电视机接收。

7-7　卫星电视接收系统由哪几部分组成？

卫星电视接收系统是专门接收卫星电视信号的装置，一般由抛物面天线、高频头（室外单元）和卫星电视接收机（室内单元）三部分组成，如图 7-5 所示。

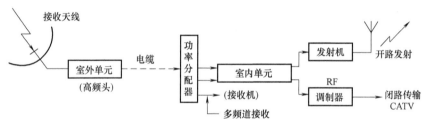

图 7-5　卫星电视接收系统配置图

在图 7-5 中，只画出了一套电视节目的接收情况，而一般一个卫星转发器可以转发多套节目。当接收多套节目时，要将高频头的输出信号用功率分配器分成多个支路传送给多个接收机。

卫星电视接收系统中各部分的作用如下：

1. 抛物面接收天线

由于卫星转发器的功率较小，发射到地面上的电视信号极其微弱。为了使用户获得满意的收看效果，卫星电视接收系统必须设置具有较高增益的接收天线。

卫星电视广播发射的电磁波为 GHz 级频率，电磁波具有拟光性，由于卫星远离接收天线，电磁波可近似看作一束平行光线，因此，卫星接收天线一般采用抛物面的聚光性，将卫星电磁波能量聚集在一点送入波导，获得较强的电视信号。抛物面天线口径越大，集中的能量就越大，也就是增益越高，接收效果就越好。

2. **高频头**（室外单元）

天线接收到高频电视信号后，通过馈线送至高频头。图7-6是卫星电视接收高频头的框图。天线接收来的卫星微波信号经低噪声微波放大器放大后，送入第一混频电路，混频以及中频放大后输出 0.9 ~ 1.4GHz 的中频信号。通过电缆引入室内单元（卫星电视接收机）。

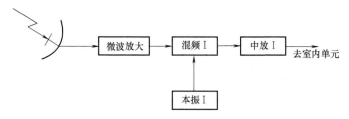

图 7-6 高频头（室外单元）的组成

3. 卫星电视接收机

卫星电视接收机的主要功能是将高频头送来的中频信号解调还原成具有标准接口电平的视频图像信号和音频伴音信号。卫星接收机（室内单元）框图如图7-7所示。

卫星电视接收系统按技术性能分为可供收转或集体接收用的专业型（见图7-5）和直接接收用的普及型（见图7-8）。

必须指出，普通电视机是采用调幅制，而卫星接收是采用调频制，所以普通电视接收机收不到卫星电视的图像。收看卫星电视节目必须在电视机（监视器）之前接入

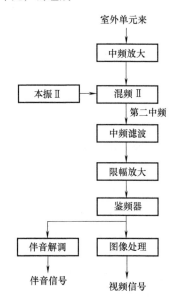

图 7-7 卫星接收机
（室内单元）框图

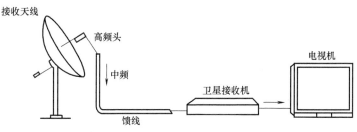

图 7-8　卫星电视直接接收系统的组成

卫星接收机。

 7-8　卫星电视接收系统与 CATV 系统怎样连接？

　　由于卫星接收机输出的是视频图像信号和音频伴音信号，因而必须用调制器将它们调制成某一电视频道的射频信号，才能送入 CATV 系统。该过程如图 7-9 所示。

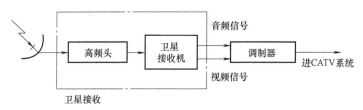

图 7-9　卫星电视接收系统与 CATV 系统连接示意图

 7-9　卫星电视接收天线有哪些类型？ 各有什么特点？

　　卫星电视广播地面站的抛物面天线一般由反射面、背架及馈源支撑件三部分组成。抛物面天线按馈电方式可分为前馈式和后馈式（卡塞格伦式）；按反射面又分为板状天线和网状天线。

　　前馈式天线的结构如图 7-10 所示。虽然这种抛物面天线有许多优点，但由于馈源处于抛物面的前方，加长了馈线，降低了效率。

　　后馈式天线的结构如图 7-11 所示。其主要特点是在抛物线焦点处设置一个旋转双曲面，构成天线的信号反射面，将信号反射在抛物面中心（后面）的馈源上，也就是由"前馈"变成了"后馈"。后馈式

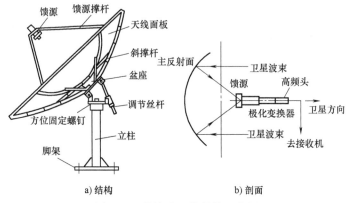

图 7-10 前馈式天线结构示意图

天线效果好但价格昂贵。

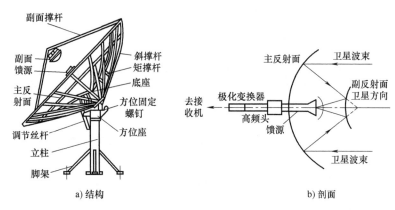

图 7-11   后馈式天线结构示意图

抛物面天线的反射面板一般有两种形式，一种是板状，另一种是网状。相同口径的抛物面天线，板状要比网状接收效果好，但网状的防水能力强。

7-10   如何选择卫星电视接收天线？

由于卫星转发器的功率较小，地面接收站所得到的信号极其微弱，因此天线的选择直接影响接收效果，口径大的天线增益就高，但造价也非常高，因此，在选用天线时，应根据实际应用而定。

选择天线应注意的问题如下：

（1）增益值的选择。由于有些生产厂家的产品说明书中所标的某些数据是设计值而不是实际测试值，所以在选购天线时，其增益值可以选大一些的，留有一定的余量。

（2）结构的选择。选购时应注意天线及座架的结构要合理、支撑要牢固，各调整螺杆的粗细以及调节应方便等。

（3）板状天线还是网状天线的选择。根据用户的站址来选择用板状天线还是网状天线，一般大、中城市或工业区，因空气污染严重，应该选择板式为好；如果是山区、风力大的地点，应选用网状天线，虽然比板式增益低，但抗风力强，价格也较低。

（4）前馈天线与后馈天线的选择。两种天线按增益高低相比，相差极微不影响信号的接收。由于前馈天线的噪声系数较低、造价低，所以一般地区可以选用前馈天线。由于后馈天线可以同时作为卫星通信地球站的天线，对于今后有可能建立卫星地面站的地区，为避免重复投资应选用后馈天线。

（5）天线跟踪、驱动方式的选择。天线跟踪方式有两种，作为大口径天线多用双轴跟踪方式，而小口径天线单轴、双轴跟踪方式均可用。天线的驱动方式有手动、电动和自动三种驱动方式，手动和电动驱动方式是人工定位，功能比较简单，价格低。自动驱动方式用在双轴跟踪天线，多采用微型计算机控制，具有能够自动选择、跟踪一颗或几颗卫星的功能，从而使天线能够较快地找到任何一颗所需要的卫星，并以信号跟踪的方式保证天线处于最佳接收状态。但该天线造价较高，维修比较复杂。

另一种单轴自动跟踪天线采用电桥平衡方式，自动记忆卫星位置，也可以预置同步轨道上多颗卫星，并能迅速找到任何一颗卫星，但不能以信号跟踪卫星，此种造价较低。综上所述，可以根据需要来选择天线跟踪和驱动方式。

7-11　怎样安装卫星电视接收天线？

安装抛物面天线时，一般按厂家提供的结构图安装。各厂家的天线结构都是大同小异，基本相同。天线的结构反射板有整体成形和分瓣两种（2m以上的反射板基本为分瓣），脚架主要有立柱脚架和三脚架两种（立柱脚架较为常见），个别1.8m以下脚架为卧式脚架。

天线的基本安装步骤如下：

（1）将脚架装在已准备好的基座上，校正水平，然后将脚架固定（卧式脚架须先调好方位角后，方可固定脚架）。

（2）装上方位托盘和仰角调节螺杆。

（3）按顺序将反射板的加强支架和反射板装在反射板托盘上，在反射板与反射板相连时稍为固定即可（暂不紧固），等全部装上后，调整板面平整再将全部螺钉紧固。这里提起注意的是，分瓣反射板有些厂家是无顺序的，可随意拼装，但有些三瓣是有安装馈源支杆的安装点，在安装时需注意这三瓣馈源支杆的安装点要对正，否则馈源支架装上后不对称，馈源与天线的反射焦点不能重合，影响信号增益甚至收不到信号。整体成形的反射板装上托盘架后直接将反射板装在方位托架上即可。

（4）装上馈源支架、馈源固定盘。

（5）馈源、高频头的安装与调整：把馈源、高频头和与其连接的矩形波导口必须对准、对齐，波导口内则要平整，两波导口之间加密封圈，拧紧螺钉防止渗水，将连接好的馈源、高频头装在馈源固定盘上，对准抛物面天线中心位置（即焦点）。

（6）天线焦距的简单计算方法：根据抛物面天线焦距比公式：$F/D \approx 0.34 \sim 0.4$，现以3m天线为例计算其焦距$F = 3 \times 0.35 + 0.15 = 1.2$（m），式中0.15为修正值。3m天线焦距为1.2m。

大型地面接收站的天线一般由生产厂家安装，安装步骤大体是，先吊装支架底座就位，将地脚螺钉紧固好，再装天线和馈源，并调节馈源位置，最后将整个抛物面天线吊装固定在支架上，这些过程均由吊车或立一个三脚支架进行。

家庭所用的天线比较小，一般两个人就能抬起，它可以制成固定式，即用水泥做一个平台，上面铸上三个螺栓，固定后将天线支架紧固上，再将抛物面天线安装在支架上。另一种是直接放在校平的地面上，应该用较重的物品将三脚架压好，防止风力过大时摔坏天线。

7-12 如何维护卫星电视接收天线？

天线虽全是机械结构，但也会发生故障，对其日常维护也是必不可少的。出现故障后，会使接收信号的信噪比下降，接收效果变差。产生的原因是使用一段时间后，各部分支撑点受力不均。因各地环境、气象条件不一，风力强弱不等，使整个抛物面晃动的程度不同，形成抛物面正常位置有所改变。因此，对天线应进行以下维护：

（1）在雷雨季节到来之前必须仔细检查避雷接地系统是否良好。

（2）天线馈源口面薄膜不得破损，如有破损应及时更换。馈源内不得有水汽、水珠或异物。

（3）防止抛物面的型面受到破坏而变形，防止副反射面与馈源主反射面偏心。

（4）在冬季，如果馈源和反射面上有积雪、冰凌，要采取措施及时清除，以保证电性能正常。

（5）雨后应检查波导是否进入雨水造成波导壁生锈。

（6）检查各螺钉是否松动，机械等部件是否生锈，转动是否灵活，必要时应对转动部分加油保养。

（7）一般使用两年左右应对天线重新油漆一次，气候条件恶劣的地区，油漆的周期还可缩短，以油漆没有剥落为原则。

7-13 使用卫星高频头应注意什么？

卫星高频头在使用中应注意以下事项：

（1）卫星高频头为室外器件，因此在设置、安装和调整好之后，还应注意对卫星高频头采取防水措施，为它设置一个防护罩，以免进水而影响它的性能。

（2）购买卫星高频头时，一定要注意它的本振频率。如果本振频率高于所接收的卫星信号的频率（3.7～4.2GHz），就是高本振卫星高频头，这时卫星接收机收到的频道顺序与国家公布的一致；如果本振频率低于所接收的卫星信号的频率，就是低本振卫星高频头，这时卫星接收机收到的频道顺序则为反序。在第一次调试时应特别注意这一点，以免造成错误判断。

（3）由于卫星高频头是和卫星天线一起应用的，大多安装在楼顶上，且卫星高频头又属于微波器件，很容易受雷电感应或雷击损坏，因此，应将卫星高频头的外壳接地或架设卫星天线的避雷设施，使卫星天线与卫星高频头处在防雷设施的有效保护范围内，且卫星天线支架与卫星高频头外壳的接地电阻应保持在4Ω以下。

（4）在卫星接收系统的配置中，小口径卫星天线与高性能的卫星高频头配用，比大口径卫星天线与一般性能的卫星高频头配用更经济实惠。现在卫星高频头的性能有了很大提高，能很好地与小口径卫星天线配用且可保证接收的性能。

 7-14 有线电视系统由哪几部分构成？

有线电视系统由信号源接收系统、前端系统、信号传输系统和分配系统等四个主要部分组成。图7-12是有线电视系统的原理框图，该图表示出了各个组成部分的相互关系。

1. 接收信号源

信号的来源通常包括：

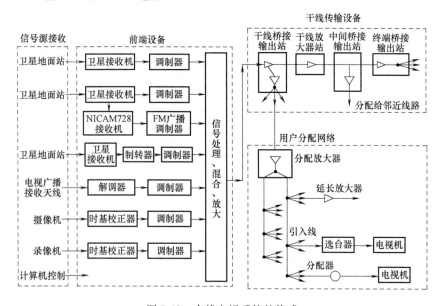

图 7-12 有线电视系统的构成

（1）卫星地面站接收到的各个卫星发送的卫星电视信号，有线电视台通常从卫星电视频道接收信号纳入系统送到千家万户。

（2）由当地电视台的电视塔发送的电视信号称为"开路信号"。

（3）城市有线电视台用微波传送的电视信号源。MMDS（多路微波分配系统）电视信号的接收须经一个降频器将 2.5~2.69GHz 信号降至 UHF 频段之后，即可等同"开路信号"直接输入前端系统。

（4）自办电视节目信号源。这种信号源可以是来自录像机输出的音/视频（A/V）信号；由演播室的摄像机输出的音/视频信号；由采访车的摄像机输出的音/视频信号等。

2．前端设备

前端设备是整套有线电视系统的心脏。由各种不同信号源接收的电视信号须经再处理为高品质、无干扰杂讯的电视节目，混合以后再馈入传输电缆。

3．干线传输系统

它把来自前端的电视信号传送到分配网络，这种传输线路分为传输干线和支线。干线可以用电缆、光缆和微波三种传输方式，在干线上相应地使用干线放大器、光缆放大器和微波发送接收设备。支线以用电缆和线路放大器为主。微波传输适用于地形特殊的地区，如穿越河流或禁止挖掘路面埋设电缆的特殊状况以及远郊区域与分散的居民区。

4．用户分配网络

从传输系统传来的电视信号通过干线和支线到达用户区，需用一个性能良好的分配网使各家用户的信号达到标准。分配网有大有小，因用户分布情况而定，在分配网中有分支放大器、分配器、分支器和用户终端。

 7-15　如何选择用户盒？

用户盒面板安装在用户墙上预埋的接线盒上，或带盒体明装在墙上。

用户盒分两种。一种是用户终端盒，盒上只有一个进线口、一个用户插座，用户插座有时是两个插口，其中一个输出电视信号，接用户电视机，另一个是 FM 接口，用来接调频收音机。用户终端盒要与分支器和分配器配合使用，如图 7-13 所示。

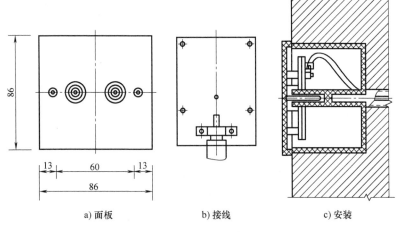

a) 面板   b) 接线   c) 安装

图 7-13　用户终端盒

另一种叫串接分支单元盒，实际是一个一分支器与插座的组合，这种盒有一个进线口、一个出线口和一个用户插座，进线从上一户来，出线到下一户去。这种盒上带有分支器，因此有分支衰减，可以根据线路信号情况选择不同衰减量的盒，如图 7-14 所示。

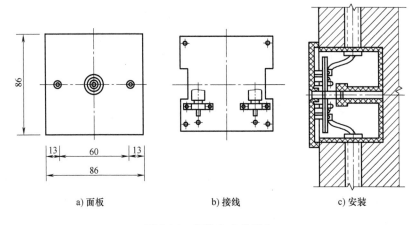

a) 面板   b) 接线   c) 安装

图 7-14　串接分支单元盒

7-16　怎样正确安装插头？

1. 工程用高频插头的安装方法

与各种设备连接所用的插头叫工程用高频插头，俗称 F 头。安装时，将电缆外护套及铜网、铝膜割去 10mm，将内绝缘割去 8mm，留出 8mm 芯线，将卡环套到电缆上，把电缆头插入 F 头中，F 头的后部要插在铜网里面，铜网与 F 头紧密接触，一定要让铜网包在 F 头外面，插紧后，把卡环套在 F 头后部的电缆外护套上用钳子夹紧，以不能把 F 头拉下为好。铜网与 F 头接触不良，会影响低频道电视节目收看效果。如果电缆较粗，在插头组件上有一根转换插针，把粗线芯变细以便与设备连接。高频插头的安装方法如图 7-15 所示。

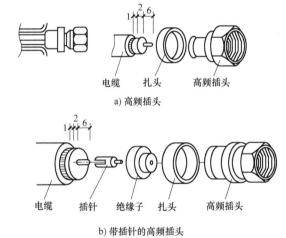

a) 高频插头

b) 带插针的高频插头

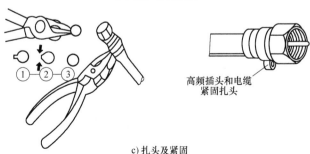

c) 扎头及紧固

图 7-15　高频插头与电缆的安装方法

卡环式 F 头存在着屏蔽性能差，容易脱落的现象。目前使用较多的是套管型 F 头，压接时，要使用专用压接钳。

2. 与电视机连接用插头的安装方法

接电视机的插头是 75Ω 插头，使用时将电缆护套剥去 10mm，留下铜网，去掉铝膜，再剥去约 8mm 内绝缘，把铜芯插入插头芯并用螺钉压紧，把铜网接在插头外套金属筒上，一定要接触良好。

7-17 如何选择同轴电缆？

天线信号要使用专门的同轴电缆传输，同轴电缆也是一种导线，但与普通的导线不同，它的结构是中心为圆形的铜导线，称为线芯，线芯外紧密包裹线芯的绝缘材料，称为内绝缘层，内绝缘层外面又包有金属丝编织的金属网或金属箔，称为屏蔽层，最外面一层是塑料护套，其外形和结构如图 7-16 所示。

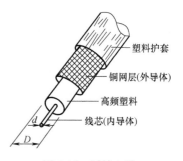

图 7-16 同轴电缆

同轴电缆，特性阻抗为 75Ω 和 50Ω，在 CATV 系统中用 75Ω 同轴电缆与各种设备连接。电缆对电视信号的衰减除了与信号的频率有关外，还与电缆的长度及电缆的直径有关。一般频率越高衰减越大，线越粗衰减越小，一般每 10m 衰减 2dB。同轴电缆的屏蔽层分四种：单层屏蔽，铜丝编织网；双层屏蔽，单面镀铝塑料薄膜做内层，外层为镀锡铜丝编织网；四层屏蔽，单面镀铝塑料薄膜为内层，双面镀铝塑料薄膜做中间层，外层为双层镀锡铜丝编织网；全屏蔽，外导体用铜管或铝管，屏蔽层与设备外壳及大地连接起屏蔽作用，最外面是聚氯乙烯护套。外护套的颜色有黑色和白色两种。白色为室内用电缆，黑色为室外用电缆。

电缆按绝缘外径分为 5mm、7mm、9mm、12mm 等规格，用 φ5、φ7、φ9、φ12 表示。一般到用户端用 φ5 电缆，楼与楼间用 φ9 电缆连接，大系统干线用 φ12 电缆敷设。

在有线电视系统中，电缆的性能指标的优劣直接影响系统的寿命和质量，为了保证电视信号在同轴电缆中稳定、有效地传输，在选择同轴电缆时要注意频率特性要平坦；电缆损耗要小，有效传输距离要远；传输性能要好，衰减的常数稳定和温度系数小；屏蔽特性要好，抗干扰能力要强；回路电阻要小；防水性能和机械性能要好等。

7-18　安装小区有线电视系统应满足哪些要求？

有线电视系统在设计时，应使线路短直、安全、可靠，便于维修和检测，要考虑外界可能影响和损坏线路的有关因素，包括同轴电缆的跨度、高度、跨越物，并尽量远离电力线、化学物品仓库、堆积物等，以保证线路安全；在安装设备时，要严格按照设备的安装标准及技术参数安装，以保证用户可以看到图像清晰、音质好的有线电视节目。

（1）光接收机在连接时，应注意外壳必须良好接地，以防雷击造成光接收机的损坏，光纤连接器与法兰盘均属精密器件，插拔时不能用力过猛。

（2）要考虑干线放大器实际输出和输入电平，合理使用和调试放大器的输出、输入电平，是有线电视传输系统质量的关键。

（3）干线放大器一般直接与 SYV-75-9 的有线电视同轴电缆或 SYV-75-12 的有线电视同轴电缆相连。在连接干线放大器时，输入输出的电缆均应留有余量，连接处应有防水措施。同轴电缆的防水接头、同轴电缆的内外导体、均衡插片、供电插件若氧化，可用橡皮擦一下，其效果会明显见好。

（4）有线电视系统中的同轴电缆屏蔽网和架空支撑电缆用的钢绞线都应有良好的接地，在每隔 10 个支撑杆处设接地保护，可用 1 根（根据土壤电阻率可选择多根）1.5m 长的 50mm×50mm×5mm 的角钢作为接地体打入地下，要将避雷线与支撑钢绞线扎紧成为一体。在系统接地时，一定注意接地电阻的最小化，接地电阻大，防雷效果就差，尽量减小接地电阻，最好控制在 8Ω 以下。

（5）明敷的电缆和电力线之间的距离不得小于 0.3m。

（6）分配放大器、分支分配器可安装在楼内的墙壁和吊顶上。当需要安装在室外时，应采取防雨措施，距地面不应小于 2m。

7-19　如何保养和维护有线电视设备？

有线电视系统在长期运行过程中必然会出现各种故障。这就需要物业电工能做好有线电视系统的日常维护工作，能迅速排除系统出现的故障，缩短影响用户收看的时间。

（1）安装在室外的同轴电缆时间长了会老化，各项性能指标都会发生变化，其中电缆衰减特性改变很大，所以要经常检测电缆的情况。

（2）定期检测干线放大器的输入、输出电平值及均衡情况，以免误差的逐级累积而影响传输的可比性。

（3）定期检测架空电缆，及时增补电缆的挂钩及线卡。

（4）定期检测电缆、干线放大器、各种连接设备、分支器、分配器的防水情况、密封、屏蔽和牢固性，发现问题及时解决。

（5）定期检测传输系统的安全防范设施的状况，如防雷与接地措施是否有效。

7-20　有线电视系统有哪些常见故障？造成故障的原因是什么？

有线电视系统发生故障时，用户电视机屏幕上通常会有下列4种现象反映出来：

（1）整个电视机屏幕上出现雪花，通常称之为"雪花干扰"。这种故障是由于电视信号电平太低，干扰信号相对突出而造成的。

（2）电视图像重影。这种故障是由于有线电视系统中某些部件接触不良、性能变异、阻抗匹配异常等造成信号来回反射而形成的，也可能是系统外部新建高大建筑物使接收信号有较强的反射波成分，导致电视机屏幕上出现重影。

（3）收看某一频道节目时，电视机屏幕上除了该频道的图像外，同时还出现另一频道（干扰频道）的图像，在情况不严重时只出现一条由左向右慢慢移动的黑色垂直竖条。这种故障是由于干线中窜入的干扰信号电平太高，超过其额定的最大输出电平所造成的。

（4）当用户终端75Ω同轴电缆的屏蔽线断开时，电视图像反而接近正常，而同时接好内外导线后，屏幕上则出现严重的雪花干扰。这种故障是强信号系统内存在信号短路故障所造成的。

 7-21 如何排除有线电视系统的常见故障？

1. 整个系统内电视机都不能正常地收看所有电视频道的节目

整个有线电视系统的电视机都不能正常地收看所有电视频道的节目的故障多为以下原因造成：

1）混合器电路脱焊或元器件损坏。

2）干线部分有短路或开路的故障。

3）干线放大器或分配放大器有故障。

检查这种故障时，可用一个有 75Ω 天线输入插孔的电视机在系统的各部件进行试看。注意不要将测试电视机直接并接在系统上，而是将检测点后面的系统线路断开。通过试看就可以缩小故障查找范围，逐渐找到故障点。

2. 整个系统内所有电视机都不能正常地收看某一频道的节目

整个系统内所有电视机都不能正常地收看某一频道节目的故障多为以下原因：

1）该频道天线输出端的螺钉松动，输出同轴电缆断线或短路。

2）混合器内有关这一频道的元器件脱焊或损坏。

检查这种故障时，应明确系统的公共部分应该正常，重点放在检查与该频道有关的分支电路与元器件上，多是前端混合器及其前面设备故障造成的。

3. 系统中某一支路用户不能正常地收看电视节目

系统中某一支路的用户不能正常地收看电视节目，应是该支路与干线相连接的部件或同轴电缆发生故障。这时可更换同型号的分配器或分支器试一试，然后由分支处向用户端逐级逐段地进行信号检测，最后即能找到故障所在。

4. 只有个别用户不能正常地收看电视节目

若只有个别用户不能正常地收看电视节目，有可能是连接该电视机的引出线（包括两端接头处）有故障，也可能是与这个电视机相连的分支器或分配器有故障。由于这几个部件是常备件，装卸又很容易，故可以通过更换部件来解决。

7-22　如何维修有线电视系统的放大器？

1. 电源部分故障的维修

放大器电源部分多是采用普通的变压、整流、滤波、稳压方式，其检修方法与普通电源相似，仅极少数放大器采用开关电源技术。

2. 放大器故障的维修

对于有线电视系统放大器，往往其中的均衡器和衰减器容易损坏，直接影响到放大器输出信号的质量。通过场强仪测量可以清楚地观察到电平的变化情况。这部分损坏严重时，将导致输出电平过低，应急办法是将衰减器或均衡器的输入、输出端短路，用来直接传输信号。

3. 放大模块故障的维修

若放大模块有正常电平输入而无电平输出时，多为模块损坏。有的放大器在输出最大信号时出现非线性失真现象，但在稍微减小输出信号时非线性失真就消失或不很明显，这属于放大模块性能不佳，但仍可勉强使用。

4. 特殊故障的维修

若放大器输出信号电平正常，但用户电视机的图像却杂乱无章，此时可测输出端信号电压。如果信号电压很大，则是典型的自激现象，只要在均衡器与衰减器之间串联一只几皮法的瓷片电容即可解决。在自激严重时放大模块有可能损坏。

5. 放电管损坏的维修

在放大器的输入、输出端通常对地均接有放电管，放电管的作用是吸收高压，保护放大器内部元器件。放电管的损坏一般为炸裂，可从外表观察后进行更换。

第8章

Chapter ➤ 08

火灾报警与自动灭火系统

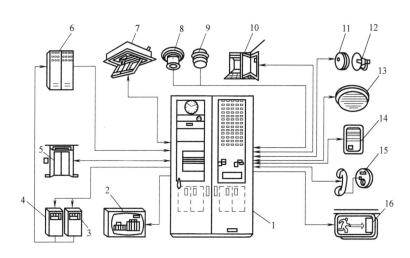

8-1　火灾自动报警与自动灭火系统由哪几部分构成？

火灾自动报警与自动灭火系统主要由两大部分组成：一部分为火灾自动报警系统，另一部分为灭火及联动控制系统。前者是系统的感应机构，用以启动后者工作；后者是系统的执行机构。火灾自动报警与自动灭火系统联动示意图如图 8-1 所示。

图 8-1　自动报警与自动灭火系统联动示意图

1—消防中心　2—火灾区域显示　3—水泵控制盘　4—排烟控制盘　5—消防电梯　6—电力控制柜　7—排烟口　8—感烟探测器　9—感温探测器　10—防火门　11—警铃
12—报警器　13—扬声器　14—对讲机　15—联络电话　16—诱导灯

8-2 火灾探测器有什么基本功能?

火灾探测器是火灾自动探测系统的传感部分,是能在现场发出火灾报警信号或向控制和指示设备发出现场火灾状态信号的装置。

一般来说,物质燃烧前往往是先产生烟雾,接着周围温度渐渐升高,同时产生一些可见与不可见的光。而物质从开始燃烧到火势渐大酿成火灾总有个过程,火灾探测器的功能就是在火灾初期"捕捉""观察"物质刚刚开始燃烧时产生的热、光或烟等"信号",并将其转换成电信号传送给报警控制器,从而实现火灾监测报警的自动化,它是火灾自动报警系统的最关键部件。

 8-3 火灾探测器有哪些主要类型?

火灾探测器种类很多,可以从结构造型、火灾参数、使用环境、安装方式、动作时刻等方面进行分类。

1. 按结构造型分类

火灾探测器按结构造型可分为点型探测器和线型探测器两大类。

(1)点型探测器:是探测元件集中在一个特定位置上,探测该位置周围火灾情况的装置,或者说是一种响应某点周围火灾参数的装置。广泛适用于住宅、办公楼、旅馆等建筑。

(2)线型探测器:是一种响应某一连续线路附近的火灾参数的探测器。连续线路可以是硬线路,也可以是软线路。硬线路是由一条细长的铜管或不锈钢管制成,如热敏电缆感温探测器和差动气管式感温探测器等。软线路是由发送和接收的红外线光束形成的,如投射光束的感烟探测器等。这种探测器当通向受光器的光路被烟遮蔽或干扰时产生报警信号。因此在光路上要时刻保持无挡光的障碍物存在。

2. 按探测火灾参数分类

火灾参数是发生火灾时产生的具有火灾特征的物理量,如烟雾、气体、光、热、气压、声波等。根据探测火灾参数的不同,可以将火灾探测器划分为感烟火灾探测器、感温火灾探测器、感光火灾探测器、气体火灾探测器和复合式火灾探测器几大类,其分类如下:

火灾探测器
- 感烟火灾探测器
  - 点型
    - 离子感烟火灾探测器
    - 光电感烟火灾探测器
  - 线型
    - 红外光束式感烟火灾探测器
    - 激光式感烟火灾探测器
- 感温火灾探测器
  - 点型
    - 定温火灾探测器
    - 差温火灾探测器
    - 差定温火灾探测器
  - 线型
    - 定温火灾探测器
    - 差温火灾探测器
- 感光火灾探测器
  - 紫外线火焰探测器
  - 红外线火焰探测器
- 气体火灾探测器
  - 铂丝型
  - 铂钯型
  - 半导体型
- 复合式火灾探测器
  - 复合式感烟感温型
  - 红外光束线型感烟感温型
  - 复合式感光感温型
  - 紫外线感光感烟型

3. 按使用环境分类

由于使用场所、环境不同，火灾探测器可分为陆用型、船用型、耐寒型、耐酸型、耐碱型和防爆型。

4. 按安装方式分类

有外露型探测器和埋入型探测器两种，后者主要用于特殊装饰的建筑中。

5. 按动作时刻分类

有延时动作探测器和非延时动作探测器两种，延时动作是为了便于人员的疏散。

常用火灾探测器的外形及结构如图 8-2~图 8-7 所示。

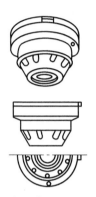

图 8-2　离子感烟探测器的外形

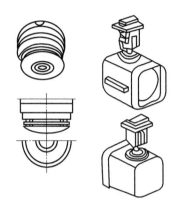

图 8-3　光电式感烟探测器的外形

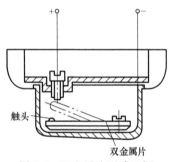

图 8-4　双金属片型感温探
测器的结构示意图

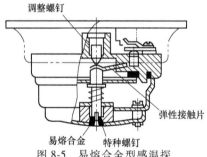

图 8-5　易熔合金型感温探
测器的结构示意图

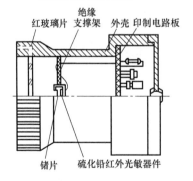

图 8-6　红外感光探测器的结构示意图

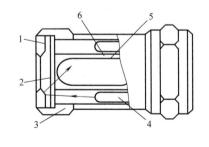

图 8-7　紫外感光探测器的结构示意图
1—反光环　2—石英玻璃窗　3—防爆外壳　4—紫
外线试验灯　5—紫外光敏管　6—光学遮护板

8-4 火灾自动报警系统有哪些基本形式？

1. 区域报警系统

区域报警系统是由区域报警控制器（或报警控制器）和火灾探测器组成的火灾自动报警系统，其系统框图如图 8-8 所示。

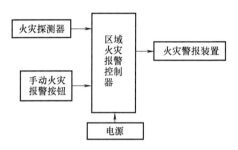

图 8-8 区域报警系统框图

2. 集中报警系统

集中报警系统是由集中报警控制器（或报警控制器）、区域报警控制器（或区域显示器）以及火灾探测器等组成的火灾自动报警系统，其系统框图如图 8-9 所示。

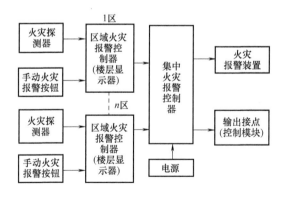

图 8-9 集中报警系统框图

3. 控制中心报警系统

控制中心报警系统是由消防控制设备、集中报警控制器（或报警控制器)、区域报警控制器(或区域显示器)以及火灾探测器等组成的火灾自动报警系统,其系统框图如图 8-10 所示。

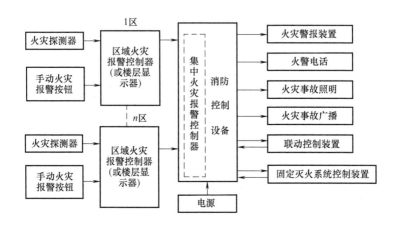

图 8-10　控制中心报警系统

 ## 8-5　火灾探测器选择的原则是什么?

火灾探测器选择的原则如下:

(1) 火灾初期阴燃阶段产生大量的烟和少量的热,很少或没有火焰辐射的场所,应选用感烟探测器。

(2) 火灾发展迅速,产生大量的热、烟和火焰辐射的场所,可选用感温探测器、感烟探测器、火焰探测器或其结合。

(3) 火灾发展迅速,有强烈的火焰辐射和少量的热、烟的场所,应选用火焰探测器。

(4) 对火灾形成特征不可预料的场所,可根据模拟试验的结果选择探测器。

(5) 对使用、生产或聚集可燃气体或可燃液体蒸气的场所,应选择可燃气体探测器。

(6) 装有联动装置或自动灭火系统时,宜将感烟、感温、火焰探测器组合使用。

8-6　如何选择点型火灾探测器？

（1）对不同高度的房间，可按表 8-1 选择点型火灾探测器。

表 8-1　探测器适合安装高度

房间高度 h/m	感烟探测器	感温探测器			火焰探测器
		一级	二级	三级	
$12 < h \leqslant 20$	不适合	不适合	不适合	不适合	适合
$8 < h \leqslant 12$	适合	不适合	不适合	不适合	适合
$6 < h \leqslant 8$	适合	适合	不适合	不适合	适合
$4 < h \leqslant 6$	适合	适合	适合	不适合	适合
$h \leqslant 4$	适合	适合	适合	适合	适合

（2）对于不同的场所，可参考表 8-2 选择点型火灾探测器。

表 8-2　适宜选用和不适宜选用点型火灾探测器的场所

类型		适宜选用的场所	不适宜选用的场所
感烟探测器	离子式	1. 饭店、旅馆、商场、教学楼、办公楼的厅堂、卧室、办公室等 2. 电子计算机房、通信机房、电影或电视放映室等 3. 楼梯、走道、电梯机房等 4. 书库、档案库等 5. 有电器火灾危险的场所	符合下列条件之一的场所 1. 相对湿度长期大于 95% 2. 气流速度大于 5m/s 3. 有大量腐尘、水雾滞留 4. 可能产生腐蚀性气体 5. 在正常情况下有烟滞留 6. 产生醇类、醚类、酮类等有机物质
	光电式		符合下列条件之一的场所 1. 可能产生黑烟 2. 大量积聚粉尘 3. 可能产生蒸汽和油雾 4. 在正常情况下有烟滞留
感温探测器		符合下列条件之一的场所 1. 相对湿度经常高于 95% 以上 2. 可能发生无烟火灾 3. 有大量粉尘 4. 在正常情况下有烟和蒸汽滞留	1. 可能产生阴燃火或发生火灾不及时报警将造成重大损失的场所，不宜选择感温探测器 2. 温度在 0℃ 以下的场所，不宜选用定温探测器 3. 温度变化较大的场所，不宜选用差温探测器

（续）

类型	适宜选用的场所	不适宜选用的场所
感温探测器	5. 厨房、锅炉房、发电机房、茶炉房、烘干车间等 6. 吸烟室、小会议室等 7. 其他不宜安装感烟探测器的厅堂和公共场所	
火焰探测器（感光探测器）	符合下列条件之一的场所 1. 火灾时有强烈的火焰辐射 2. 无阴燃阶段的火灾 3. 需要对火焰做出快速反应	符合下列条件之一的场所 1. 可能发生无焰火灾 2. 在火焰出现前有浓烟扩散 3. 探测器的镜头易被污染 4. 探测器的"视线"易被遮挡 5. 探测器易受阳光或其他光源直接或间接照射 6. 在正常情况下有明火作业以及 X 射线、弧光等影响
可燃气体探测器	1. 使用管道煤气或天然气的场所 2. 煤气站和煤气表房以及存储液化石油气罐的场所 3. 其他散发可燃气体和可燃蒸汽的场所 4. 有可能产生一氧化碳气体的场所,宜选择一氧化碳气体探测器	除适宜选用场所之外所有的场所

 8-7　如何选择线型火灾探测器?

（1）有特殊要求的场所或无遮挡大空间，宜选择红外光束感烟探测器。

（2）下列场所或部位，宜选择缆式线型定温探测器：

1）电缆竖井、电缆隧道、电缆夹层、电缆桥架等。

2）配电装置、开关设备、变压器等。

3）控制室、计算机室的闷顶内、地板下及重要设施隐避处等。

4）各种传动带输送装置。

5）其他环境恶劣不适合点型探测器安装的危险场所。

（3）下列场所宜选择空气管式线型差温探测器：

1）可能产生油类火灾且环境恶劣的场所。

2）不易安装点型探测器的夹层及闷顶。

 8-8 如何确定火灾探测器安装位置？

火灾探测器的安装位置应符合下列规定：

（1）探测区域内每个房间至少应设置一只火灾探测器。根据火灾特点、房间用途和环境选择探测器，一般已在设计阶段确定，在施工中实施，但施工发现现场环境和条件与原设计有出入，须提出设计修改变更。火灾探测器适合安装高度见表 8-1。

（2）火灾探测器保护面积 A、保护半径 R 以及地面面积 S 计算示例图如图 8-11 所示。感烟、感温火灾探测器的保护面积和保护半径应按表 8-3 确定。

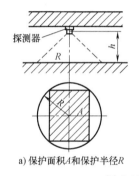 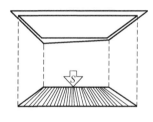

a) 保护面积A和保护半径R　　　　　　b) 地面面积S

图 8-11　计算示例图

表 8-3　感烟、感温火灾探测器的保护面积 A 和保护半径 R

火灾探测器的种类	地面面积 S/m^2	房间高度 h/m	探测器的保护面积 A 和保护半径 R					
			屋顶坡 θ					
			$\theta \leqslant 15°$		$15° < \theta \leqslant 30°$		$\theta > 30°$	
			A/m^2	R/m	A/m^2	R/m	A/m^2	R/m
感烟探测器	$S \leqslant 80$	$h \leqslant 12$	80	6.7	80	7.2	80	8.0
	$S > 80$	$6 < h \leqslant 12$	80	6.7	100	8.0	120	9.9
		$h \leqslant 6$	60	5.8	80	7.2	100	9.0
感温探测器	$S \leqslant 30$	$h \leqslant 8$	30	4.4	30	4.9	30	5.5
	$S > 30$	$h \leqslant 8$	20	3.6	30	4.9	40	6.3

（3）一个探测区域内所需设置的探测器数量，应按下式计算和核定，即

$$N \geqslant \frac{S}{KA}$$

式中　N——一个探测区域内所需设置的探测器数量（只），N 取整数；

　　　S——一个探测区域的面积（m^2）；

　　　A——探测器的保护面积（m^2）；

　　　K——修正系数，重点保护建筑取 0.7~0.9，非重点保护建筑取 1.0。

 8-9　火灾探测器有哪些安装方式？

各种探测器的安装固定方式，因安装位置的建筑结构不同而不同。按接线盒安装方式分为埋入式、外露式、架空式三种，如图 8-12 所示。

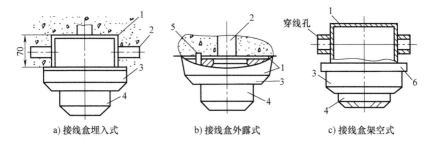

a) 接线盒埋入式　　　　b) 接线盒外露式　　　　c) 接线盒架空式

图 8-12　探测器的安装方式

1—接线盒　2—穿线管　3—底座　4—探测器　5—固定螺杆　6—防尘罩

探测器安装在底座上，底座安装在接线盒上，接线盒有方形、圆形两种，底座都是圆盘形状。埋入式的接线盒又称预埋盒，要求土建工程预先留下预埋孔，放好穿线管，引出线从接线盒进入。接线盒与底座之间应加绝缘垫片，保证两者间绝缘良好。底座安装完毕后，要仔细检查不能有接错、短路、虚焊情况。应注意安装时要保证将探测器外罩上的确认灯对准主要入口处方向，以方便人员观察。

8-10　火灾探测器与其他设施的安全距离是多少？

安装在顶棚上的感烟火灾探测器、感温火灾探测器的边缘与其他设施的水平间距应符合下列规定：

（1）探测器与照明灯具的水平净距离不应小于 0.2m。

（2）感温探测器距高温光源灯具（如碘钨灯、容量大于 100W 的白炽灯等）的净距离不应小于 0.5m。感光探测器距光源距离应大于 1m。

（3）探测器距电风扇的净距不应小于 1.5m。

（4）探测器距不突出的扬声器净距不应小于 0.1m。

（5）探测器距各种自动喷水灭火喷头的净距不应小于 0.3m。

（6）探测器距防火门、防火卷帘的间距，一般在 1~2m 的适当位置。

 8-11　怎样安装可燃气体火灾探测器？

可燃气体火灾探测器应安装在可燃气体容易泄漏处的附近、泄漏出来的气体容易流经的场所或容易滞留的场所。

探测器的安装位置应根据被测气体的密度、安装现场的气流方向、湿度等各种条件来确定。密度大、比空气重的气体，探测器应安装在泄漏处的下部；密度小、比空气轻的气体，探测器应安装在泄漏处的上部。

瓦斯探测器分墙壁式和吸顶式两种。墙壁式瓦斯探测器应装在距煤气灶 4m 以内，距地面高度为 0.3m，如图 8-13a 所示；探测器吸顶

a) 安装位置一

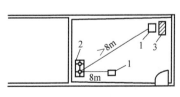

b) 安装位置二

图 8-13　有煤气灶房间内探测器的安装位置

1—瓦斯探测器　2—燃气灶　3—排气口

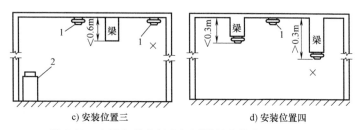

c) 安装位置三　　　　　　　　　　　d) 安装位置四

图 8-13　有煤气灶房间内探测器的安装位置（续）

安装时，应装在距煤气灶 8m 以内的屋顶板上，当屋内有排气口，瓦斯探测器允许装在排气口附近，但位置应距煤气灶 8m 以上，如图 8-13b 所示；如果房间内有梁，且高度大于 0.6m 时，探测器应装在有煤气灶的梁的一侧，如图 8-13c 所示；探测器在梁上安装时距屋顶不应大于 0.3m，如图 8-13d 所示。

8-12　怎样安装红外光束感烟探测器？

线型光束感烟探测器的安装如图 8-14 所示，安装时应注意以下几点：

（1）红外光束感烟探测器应选择在烟最容易进入的光束区域位置安装，不应有其他障碍遮挡光束或不利的环境条件影响光束，发射器和接收器都必须固定可靠，不得松动。

（2）红外光束感烟探测器的光束轴线距顶棚的垂直距离以 $0.3 \sim 1.0m$ 为宜，距地面高度不宜超过 20m。通常在顶棚高度 $h \leqslant 5m$ 时，取其光束至顶棚的垂直距离为 0.3m，顶棚高度 $h = 10 \sim 20m$ 时，取其光束轴线至顶棚的垂直距离为 1m。

（3）当房间高度为 $8 \sim 14m$ 时，除在贴近顶棚下方墙壁的支架上设置外，最好在房间高度 1/2 的墙壁或支架上也设置光束感烟探测器。当房间高度为 $14 \sim 20m$ 时，探测器宜分 3 层设置。

（4）红外光束感烟探测器的发射器与接收器之间的距离应参考产品说明书的要求安装，一般要求不超过 100m。

（5）探测器距侧墙的水平距离应不小于 0.5m，但也应不超过 7m。相邻两组红外光束感烟探测器之间的水平距离应不超

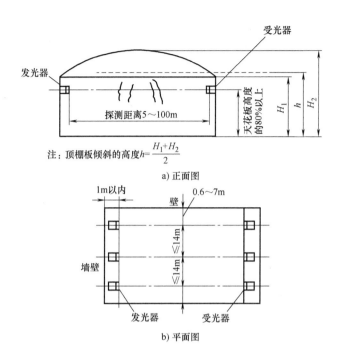

注：顶棚板倾斜的高度$h = \dfrac{H_1 + H_2}{2}$

a) 正面图

b) 平面图

图 8-14　线型光束感烟探测器的安装

过 14m。

线型红外光束感烟探测器的保护面积 A，可按下式近似计算：

$$A = 14L$$

式中　L——光发射器与光接收器之间的水平距离（m）。

8-13　如何安装手动报警器？

手动报警器与自动报警控制器相连，是向火灾报警控制器发出火灾报警信号的手动装置，它还用于火灾现场的人工确认。每个防火分区内至少应设置一只手动报警器，从防火分区内的任何位置到最近的一只手动报警器的步行距离不应超过 30m。

为便于现场与消防控制中心取得联系，某些手动报警器盒上同时设有对讲电话插孔。

手动报警器的接线端子的引出线接到自动报警器的相应端子上，平时，它的按钮是被玻璃压下的，报警时，需打碎玻璃，使按钮复位，线路接通，向自动报警器发出火警信号。同时，指示灯亮，表示火警信号已收到。图 8-15 所示为手动报警器的工作状态。

在同一火灾报警系统中，手动报警器的规格、型号及操作方法应该相同。手动报警器还必须和相应的自动报警器相配套才能使用。

手动报警器应在火灾报警控制器或消防控制室的控制盘上显示部位号，并应区别于火灾探测器部位号。

手动报警器应装设在明显的、便于操作的部位。安装在墙上距地面 1.3~1.5m 处，并应有明显标志。图 8-16 所示为手动报警器的安装方法。

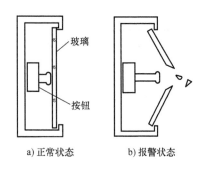

a) 正常状态　　　　b) 报警状态

图 8-15　手动报警器的工作状态

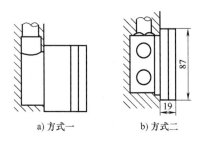

a) 方式一　　　　b) 方式二

图 8-16　手动报警器的安装方法

8-14　安装火灾报警控制器应满足什么技术要求？

安装火灾报警控制器应满足以下要求：

（1）控制器应安装牢固，不得倾斜。安装在轻质墙上时应采取加固措施。

（2）控制器应接地牢固，并有明显标志。

（3）竖向的传输线路应采用竖井敷设。每层竖井分线处应设端子箱。端子箱内的端子宜选择压接或带锡焊接的端子板。其接线端子上应有相应的标号。分线端子除作为电源线、火警信号线、故障信号线、自检线、区域号外，宜设两根公共线供给调试时作为通信联络用。

（4）消防控制设备在安装前应进行功能检查，不合格则不得安装。

（5）消防控制设备的外接导线，当采用金属软管作套管时，其长度不宜大于 2m 且应采用管卡固定。其固定点间距不应大于 0.5m。金属软管与消防控制设备的接线盒（箱）应采用锁母固定，并应根据配管规定接地。

（6）消防控制设备外接导线的端部应有明显标志。

（7）消防控制设备盘（柜）内不同电压等级、不同电流类别的端子应分开，并有明显标志。

（8）控制器（柜）接线牢固、可靠，接触电阻小，而线路绝缘电阻要求保证不小于 20MΩ。

8-15　怎样安装火灾报警控制器？

集中火灾报警控制器一般为落地式安装，柜下面有进出线地沟，如图 8-17a 所示。

集中火灾报警控制箱（柜）、操作台的安装，应将设备安装在型钢基础底座上，一般采用 8～10 号槽钢，也可以采用相应的角钢。

报警控制设备固定好后，应进行内部清扫，同时应检查机械活动部分是否灵活，导线连接是否紧固。

一般设有集中火灾报警器的火灾自动报警系统的规模都较大。竖

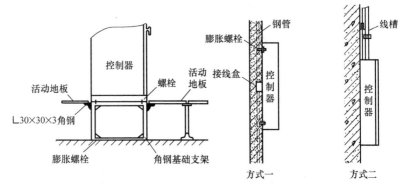

a) 落地式火灾报警控制器在活动地板上的安装方法　　b) 壁挂式火灾报警控制器的安装方法

图 8-17　火灾报警控制器的安装方法

向传输线路应采用竖井敷设，每层竖井分线处应设端子箱，端子箱内最少有 7 个分线端子，分别作为电源负载线、故障信号线、火警信号线、自检线、区域信号线、备用 1 和备用 2 分线。两根备用公共线是供给调试时作为通信联络用。由于楼层多，距离远，所以必须使用临时电话进行联络。

区域火灾报警控制器一般为壁挂式，可直接安装在墙上，如图 8-17b 所示，也可以安装在支架上。

控制器安装在墙面上可采用膨胀螺栓固定。如果控制器重量小于 30kg，使用 $\phi 8 \times 120$ 膨胀螺栓，如果重量大于 30kg，则采用 $\phi 10 \times 120$ 膨胀螺栓固定。

如果报警控制器安装在支架上，应先将支架加工好，并进行防腐处理，支架上钻好固定螺栓的孔眼，然后将支架装在墙上，控制器装在支架上。

8-16　安装火灾报警控制器应注意什么？

安装火灾报警控制器应注意：

（1）火灾报警控制器（以下简称控制器）在墙上安装时，其底边距地（楼）面高度宜为 1.3~1.5m；落地安装时，其底宜高出地平 0.1~0.2m。

（2）控制器靠近其门轴的侧面距离不应小于 0.5m，正面操作距离不应小于 1.2m。落地式安装时，柜下面有进出线地沟；若需要从后面检修时，柜后面板距离不应小于 1m；当有一侧靠墙安装时，另一侧距离不应小于 1m。

（3）控制器的正面操作距离：当设备单列布置时不应小于 1.5m；双列布置时不应小于 2m。

？8-17　自动喷水灭火系统有什么特点？

自动喷水灭火系统主要用来扑灭初期的火灾并防止火灾蔓延。其主要由自动喷头、管路、报警阀和压力水源四部分组成。按照喷头形式，可分为封闭式和开放式两种喷水灭火系统；按照管路形式，可分为湿式和干式两种喷水灭火系统。

用于高层建筑中的喷头多为封闭型，它平时处于密封状态，启动喷水由感温部件控制。常用的喷头有易熔合金式、玻璃球式和双金属片式等。

湿式管路系统中平时充满具有一定压力的水，当封闭型喷头一旦启动，水就立即喷出灭火。其喷水迅速且控制火势较快，但在某些情况下可能漏水而污损内部装修，它适用于冬季室温高于 0℃ 的房间或部位。

干式管路系统中平时充满压缩空气，使压力水源处的水不能流入。发生火灾时，当喷头启动后，首先喷出空气，随着管网中的压力下降，水即顶开空气阀流入管路，并由喷头喷出灭火。它适用于寒冷地区无采暖的房间或部位，还不会因水的渗漏而污染、损坏装修。但空气阀较为复杂且需要空气压缩机等附属设备，同时喷水也相应较迟缓。

此外，还有充水和空气交替的管路系统，它在夏季充水而冬季充气，兼有以上两者的特点。

常用自动喷水灭火系统如图 8-18 所示。当灭火发生时，由于火场环境温度的升高、封闭型喷头上的低熔点合金（薄铅皮）熔化或玻璃球炸裂，喷头打开，即开始自动喷水灭火。由于自来水压力低不能用来灭火，建筑物内必须有另一路消防供水系统用水泵加压供水，当喷

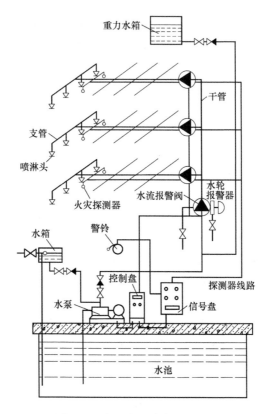

图 8-18　常用自动喷水灭火系统

头开始供水时，加压水泵自动开机供水。

 8-18　怎样正确使用火灾自动报警系统?

（1）火灾自动报警系统应保持连续正常运行，不得随意中断。

（2）火灾自动报警系统的使用和维修，应满足下列要求；

1）每日应检查火灾报警控制器的功能，并按《火灾自动报警系统施工及验收规范》的"火灾自动报警系统日常维护检查记录表"填写相应的记录。

2）每季度应检查和试验火灾自动报警系统的下列功能，并按"火灾自动报警系统日常维护检查记录表"填写相应的记录。

① 采用专用检测仪器分期分批试验探测器的动作及确认灯显示。

② 试验火灾报警装置的声光显示。

③ 试验水流指示器、压力开关等报警功能、信号显示。

④ 对主电源和备用电源进行 1~3 次自动切换试验。

⑤ 用自动或手动检查有关消防控制设备的控制显示功能。

⑥ 检查消防电梯迫降功能。

⑦ 应抽取不少于总数 25% 的消防电话和电话插孔在消防控制室进行对讲通话试验。

3）每年应检查和试验火灾自动报警系统的下列功能，并按"火灾自动报警系统日常维护检查记录表"填写相应的记录。

① 应用专用检测仪器对所安装的全部探测器和手动报警装置试验至少 1 次。

② 自动和手动打开排烟阀，关闭电动防火阀和空调系统。

③ 对全部电动防火门、防火卷帘试验至少 1 次。

④ 强制切断非消防电源功能试验。

⑤ 对其他有关的消防控制装置进行功能试验。

（3）点型感烟火灾探测器投入运行 2 年后，应每隔 3 年至少全部清洗一次；通过采样管采样的吸气式感烟火灾探测器根据使用环境的不同，需要对采样管道进行定期吹洗，最长的时间间隔不应超过 1 年。探测器清洗后应做响应阈值及其他必要的功能试验，合格者方可继续使用。可燃气体探测器的气敏元件超过生产企业规定的寿命年限后应及时更换。探测器的清洗及气敏元件的更换应由相关资质的机构根据产品生产企业的要求进行。

8-19　如何保养火灾报警控制系统？

（1）日检：对火灾报警主控屏进行自检功能检查。按自检键，让主控屏进行自检，观察主控屏液晶显示，并把自检结果打印出来。按消音键，消除声音。按复位键，使主控屏恢复到正常状态。

（2）月检：完成日检全部内容。测试主控屏主要工作电压，检查备用电源蓄电池是否正常，并进行备用电源的自检试验。检查楼层井道内的分线箱箱门及箱体外观情况，箱内外线路有无缺损和故障隐患。对消防中心集控柜进行清扫除尘，检查接线端子电线是否松脱，导线编号是否完整清晰。因受环境影响而导致烟感器、温感器脏污应及时清洁。

（3）季检：每季度应用自动或手动检查下列消防控制设备的控制显示功能：

1）室内消火栓、自动喷水、泡沫、气体、干粉等灭火系统的控制设备。

2）抽验电动防火门、防火卷帘门，数量不小于总数的25％。

3）选层试验消防应急广播设备，并试验公共广播强制转入火灾应急广播的功能，抽验数量不小于总数的25％。

4）火灾应急照明与疏散指示标志的控制装置。

5）送风机、排烟机和自动挡烟垂壁的控制设备。

（4）年检：逐个拆下烟感器、温感器，对其上的灰尘、锈斑进行清洁，并对电线接头进行紧固。对每个楼层井道内的分线箱进行开箱清扫，并对箱内外导线进行紧固。喷烟检查每个烟感器报警的正确性。

8-20 如何保养自动喷水灭火系统？

（1）每天巡视系统的供水总控制阀、报警控制阀及其附属配件，进行外观检查，确保系统处于无故障状态。

（2）每月检查一次警铃是否正常，报警阀启动是否灵活。检查整个管道，排除水垢及泥沙等污物，使水流畅通，以防报警失灵。

（3）每月应对喷头进行一次外观检查，发现不正常的喷头应及时更换。

（4）每月检查系统控制阀门是否处于开启状态，若有破坏或损坏应及时修理更换，保证控制阀门不被误关闭。

（5）每两个月应对系统进行一次综合试验，按分区逐一打开末端试验装置放水阀，试验系统灵敏性。观察阀门开启性能和密封性能，如发现阀门开启不畅通或密封不严，应将供水闸阀关闭，打开放水阀将系统中水放掉，然后打开阀门盖检查，排除水垢及污物等。检查流动水压，压力表所显示的压力值不应明显下降，若明显下降，应检查闸阀是否堵塞；若压力下降明显且警铃不报警，应检查湿式报警阀。观察系统中水流指示器、压力开关、报警控制器各部件的联动性能，应能及时报警。

（6）当系统因试验或因火灾启动后，应在事后尽快使系统重新恢复到正常工作状态。

8-21　烟、温感自动报警系统应该如何进行保养？

（1）对大厦所有烟、温感自动报警系统每月保养一次，确保烟、温感系统始终在良好状态下运行，在火警情况下能及时准确的报警。

（2）日常情况下，主控器自检时若发出烟感报警信号，消防中心值班人员应迅速通知巡逻保安赶赴现场检查报警原因，若为误报警，由消防专职人员对接收报警信号的烟感器做出清洁和复位处理。

（3）每月抽取总烟感器数的 5%，用燃着的香烟等烟源使烟感器报警，试验烟感器的灵敏度，应该全部合格，若其中有一个不合格，则应另外抽取总数的 10% 试验，直至全部合格为止。

（4）对检查出的不合格烟感器进行及时修复或更换。

（5）通过烟感报警试验，检查信号灯指示是否正常。

（6）对因楼层跑水而危及烟感器及其电路的地方，应及时做出特别检查。

（7）温感器的保养方法参照烟感器进行，试验报警灵敏度时应加温使其报警。

8-22　怎样保养防火卷帘门？

1. 月保养

（1）检查门轨、门扇有无变形、卡阻现象，手动按钮箱是否上锁，卷帘门的电控箱指示信号是否正常，箱体是否完好。

（2）按动向上（或向下）按钮，卷帘门应上升（或下降），在按钮操作上升（或下降）过程中，操作人员应密切注意卷帘门上升（或下降）到端部位置时能否自动停车，若不能，应迅速手动停车，且必须待限位装置修复（或调整）正常后方可重新操作。

（3）自检检查，用燃着的香烟等烟源使系统中任一烟感器动作时，自动装置将发出报警信号，同时自动启动卷帘门电控系统两次下滑关闭卷帘门；卷帘门一次下滑至离地面 1.2m 左右停车，延时 90s 左右，再自动启动卷帘门全部关闭；卷帘门关闭后，只有待烟感（或温感）信号消除，或复位按钮复位后方可重新开启卷帘门。

（4）消防中心按钮操作检查，消防中心只设置卷帘门关闭按钮，操作关闭按钮卷帘门通过两次下滑关闭到位后，检查消防中心信号指示是否正常。

（5）对系统中检查出来的缺陷要及时修复；对卷帘门进行清扫除尘，若有油漆脱落及局部变形的地方，要进行修复，确保卷帘门外观清洁美观。

2. 年保养

完成月保养全部项目；对卷帘门控制箱自检按钮、故障报警消声键、复位键进行专门检查；紧固各电线接头，清洁控制箱内的尘土，检查箱内电气元件是否齐备。

 8-23　如何保养气体自动灭火系统？

（1）月保养：根据存储容器压力指标检查存储压力，在规定值的 ±10% 范围之内；检查系统是否有机械损伤和失灵，所有的铅封和保险带都应完好无损；检查喷嘴在封闭空间中位置有无改动，确保没有任何障碍阻止喷嘴喷射剂。月保养以检查为主，若发现有不合要求的应及时纠正，确保系统正常。

（2）年保养：完成月检的全部项目；对系统中每个火灾探测器进行清洁，检查其连接的可靠性；触发每路探测器，试验控制器和警铃的响应情况；检查管道及其支架是否松动和损坏；检查喷嘴开孔是否堵塞；检查手动控制装置动作情况；卸下电动启动装置，同时触发两路探测器，看控制器的响应程度是否正常，观察汽笛是否发声，延迟时间是否符合要求，电动启动装置控制接点是否会动作；清扫管道及气罐的灰尘，对文字标志脱落的要重新修复；恢复并检查系统使之处于正常工作状态。

 8-24 如何检查疏散口指示灯？

（1）检查疏散出口指示灯运行是否良好，当交流电断电之后能保证每个出口指示灯亮，以引导人员疏散。

（2）检查出口指示灯玻璃面板有无划伤或破裂现象。

（3）电源指示灯应常亮，当断开交流电而采用备用电源供电时，也应能亮，否则应检查修复。

（4）出口指示灯在交流电供电时应能常亮，若不亮，则检查修复。

（5）检查灯具安装是否牢固可靠。

（6）清洁灯箱外壳及显示屏表面。

（7）每月每盏灯用备用电池亮灯半小时，使电池放电后再充电，延长电池使用寿命。

（8）发现故障及时修理，每月检查一次。

第9章

安全防范系统

Chapter ▶▶ 09

 9-1 防盗报警系统由哪几部分组成?

防盗报警系统负责建筑物内重要场所的探测任务,包括点、线、面和空间的安全保护。

防盗报警系统一般由探测器、区域报警控制器和报警控制中心等部分组成,其基本结构如图 9-1 所示。系统设备分三个层次,最低层是现场探测器和执行设备,它们负责探测非法人员的入侵,向区域报警控制器发送信息。区域控制器负责下层设备的管理,同时向报警控制中心传送报警信息。报警控制中心是管理整个系统工作的设备,通过通信网络总线与各区域报警控制器连接。

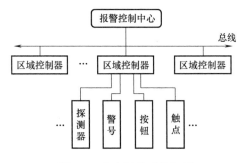

图 9-1 防盗报警系统框图

对于较小规模的系统由于监控点少,也可采用一级控制方案,即由一个报警控制中心和各种探测器组成。此时,无区域控制器或报警控制中心之分。

9-2 如何选择防盗探测器？

各种防盗报警器的主要差别在于探测器，探测器选用依据主要有以下几个方面：

（1）保护对象的重要程度。对于保护对象必须根据其重要程度选择不同的保护，特别重要的应采用多重保护。

（2）保护范围的大小。根据保护范围选择不同的探测器，小范围可采用感应式报警器或发射式红外线报警器；要防止人从门、窗进入，可采用电磁式探测报警器；大范围可采用遮断式红外线报警器等。

（3）防范对象的特点和性质。如果主要是防范人进入某区域活动，则采用移动探测报警器，可以考虑微波报警器或被动式红外线报警器，或者同时采用微波与被动式红外线两者结合的双鉴探测报警器。

9-3 怎样安装门磁开关？

通常把干簧管安装在门（或窗、柜、仪器外壳、抽屉等）框边上，而把条形永久磁铁安装在门扇（或窗扇等）边上，如图 9-2 所示。门（或窗等）关闭后，两者平行地靠在一起，干簧管两端的金属片被磁化而吸合在一起（即干簧管内部的常开触点闭合），于是把电路接通。当门（或窗等）被打开时，干簧管触点在自身弹性的作用下便会立即断开，使报警电路动作。所以，由这种探测器（传感器）可构成电磁式防盗报警器。

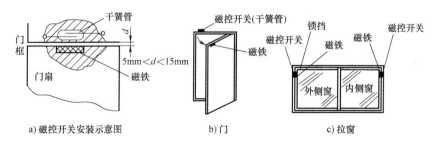

a) 磁控开关安装示意图　　b) 门　　c) 拉窗

图 9-2　门磁开关安装示意图

门磁开关可以多个串联使用，把它们安装在多处门、窗上，采用图 9-3 所示的方式，将多个干簧管的两端串联起来，再与报警控制器相连，组成一个报警体系，无论任何一处门、窗被入侵者打开，控制器均发出报警信号。

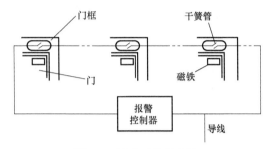

图 9-3　门磁开关的串联

安装门磁开关（磁控开关）时应注意以下几个问题：

（1）干簧管与磁铁之间的距离应按选购产品的要求正确安装。如有些门磁开关控制距离一般只有 1~1.5cm 左右，而某些产品控制距离可达几厘米。显然，控制距离越大对安装准确度的要求就越低。因此，应根据使用场合合理选择门磁开关。例如卷帘门上使用的门磁开关的控制距离至少大于 4cm 以上。

（2）一般普通的门磁开关不宜在金属物体上直接安装。必须安装时，应采用钢门专用型门磁开关或改用微动开关及其他类型的开关。

（3）门磁开关的产品大致分为明装式（表面安装式）和暗装式（隐蔽安装式）两种。应根据防范部位的特点和防范要求加以选择。一般情况，特别是人员流动性较大的场合最好采用暗装，即把开关嵌装入门、窗框里，引出线也加以伪装，以免遭犯罪分子破坏。

 9-4　怎样安装玻璃破碎探测器？

玻璃破碎探测器有导电簧片式、水银开关式、压电检测式、声响检测式等多种类型。不同类型的探测范围（即有效监视范围）不同，安装方式也有所不同。导电簧片式玻璃破碎探测器的结构与安装方式，如图 9-4 所示。

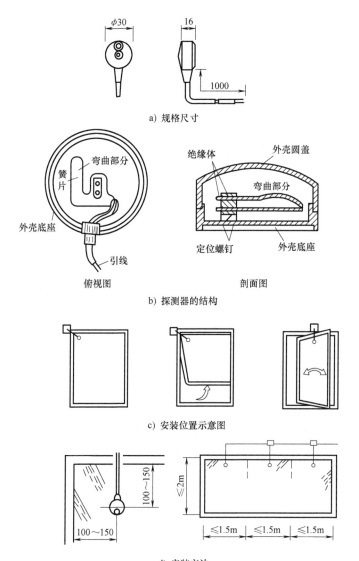

a) 规格尺寸

b) 探测器的结构

c) 安装位置示意图

d) 安装方法

图 9-4 导电簧片式玻璃破碎探测器的结构与安装方式

安装玻璃破碎报警器时应注意以下几点：

（1）安装时，应将声电传感器正对着警戒的主要方向。传感器部分可适当加以隐蔽，但在其正面不应有遮挡物。也就是说，探测器对防护玻璃面必须有清晰的视线，以免影响声波的传播，降低探测的灵敏度。

（2）安装时要尽量靠近所要保护的玻璃，尽可能地远离噪声干扰源，以减少误报警。例如像尖锐的金属撞击声、铃声、汽笛的啸叫声等均可能会产生误报警。实际上，声控型玻璃破碎报警器已对外界的干扰因素做了一定的考虑。只有当声强超过一定的阈值，频率处于带通放大器的频带之内的声音信号才可以触发报警。显然这就起到了抑制远处高频噪声源干扰的作用。

实际应用中，探测器的灵敏度应调整到一个合适的值。一般以能探测到距离探测器最远的被保护玻璃即可。灵敏度过高或过低，都可能会产生误报或漏报。

（3）不同种类的玻璃破碎报警器，根据其工作原理的不同，有的需要安装在窗框旁边（一般距离框5cm左右），有的可以安装在靠近玻璃附近的墙壁或天花板上，但要求玻璃与墙壁或天花板之间的夹角不得大于90°，以免降低其探测力。

（4）也可以将一个玻璃破碎探测器安装在房间的天花板上，并应与几个被保护玻璃窗之间保持大致相同的探测距离，以使探测灵敏度均衡。

（5）窗帘、百叶窗或其他遮盖物会部分吸收玻璃破碎时发出的能量，特别是厚重的窗帘将严重阻挡声音的传播。在此情况下，探测器应安装在窗帘背面的门窗框架上或门窗的上方。

（6）探测器不要装在通风口或换气扇的前面，也不要靠近门铃，以确保工作可靠性。

 9-5　如何安装主动式红外探测器？

主动式红外报警探测器可根据防范要求、防范区的大小和形状的不同，分别构成警戒线、警戒网、多层警戒等不同的防范布局方式。

根据红外发射机及红外接收机设置的位置不同，主动式红外报警器又可分为对向型安装方式及反射型安装方式两类。

（1）红外发射机与红外接收机对向放置，一对收、发机之间可形成一道红外警戒线，如图 9-5 所示。图 9-6a 所示两对收、发装置分别相对，是为了消除交叉误射。多光路构成警戒面，如图 9-6b 所示。

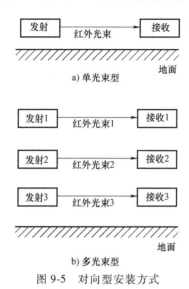

a) 单光束型

b) 多光束型

图 9-5　对向型安装方式

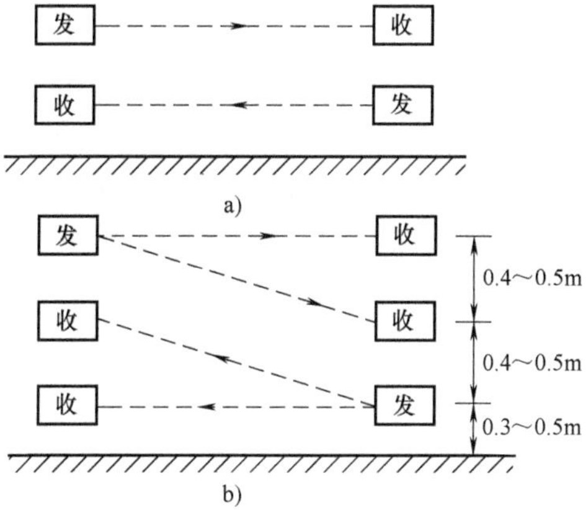

图 9-6　两对收、发装置分别相对

（2）一种多光束组成的警戒网形式如图 9-7 所示。

（3）根据警戒区域的形状不同，只要将多组红外发射机和红外接收机合理配置，就可以构成不同形状的红外线周界封锁线。利用四组主动式红外发射与接收设备构成的一个矩形周界警戒线如图 9-8 所示。

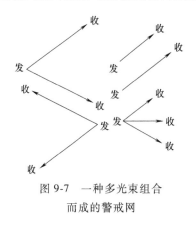

图 9-7　一种多光束组合
而成的警戒网

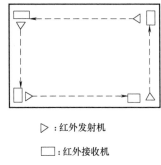

▷：红外发射机

□：红外接收机

图 9-8　四组红外收、发机构成
的周界警戒线

当需要警戒的直线距离较长时，也可采用几组收、发设备接力的形式，如图 9-9 所示。

图 9-9　用接力方式加长探测距离

（4）红外接收机并不是直接接收发射机发出的红外光束，而是接收由反射镜或适当的反射物（如石灰墙、门板表面光滑的油漆层等）反射回的红外光束，这种方式为反射型安装方式，如图 9-10 所示。

当反射面的位置和方向发生变化或红外入射光束和反射光束之一被阻挡而使接收机接收不到红外反射光束时，都会发出报警信号。

采用这种方式，一方面可缩短红外发射机与接收机之间的直线距离，便于就近安装、管理；另一方面也可通过反射镜的多次反射，将红外光束的警戒线扩展成红外警戒面或警戒网，如图 9-11

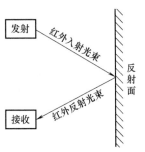

图 9-10　反射型安装方式

所示。

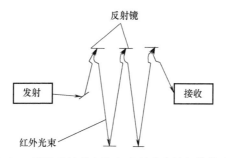

图 9-11　利用反射型安装方式所形成的红外警戒网

 9-6　如何安装被动式红外探测器？

被动式红外探测器根据现场探测模式，可直接安装在墙上、天花板上或墙角，如图 9-12 和图 9-13 所示，其布置和安装原则如下：

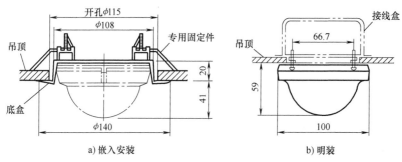

a) 嵌入安装　　　　　　　　　　b) 明装

图 9-12　顶装被动式红外探测器的安装方法

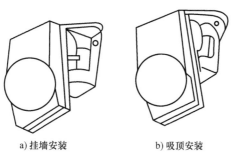

a) 挂墙安装　　　　　　　b) 吸顶安装

图 9-13　被动式红外探测器的安装方法

（1）选择安装位置时，应使报警器具有最大的警戒范围，使可能的入侵者都能处于红外警戒的光束范围之内。

（2）要使入侵者的活动有利于横向穿越光束带区，这样可以提高探测灵敏度。因为探测器对横向切割（即垂直于）探测区方向的人体运动最敏感，故安装时应尽量利用这一特性达到最佳效果。

（3）布置时，要注意探测器的探测范围和水平视角。如图9-14所示，可以安装在顶棚上（也是横向切割方式），也可以安装在墙面或墙角，但要注意探测器的窗口（透镜）与警戒的相对角度，防止出现"死角"。

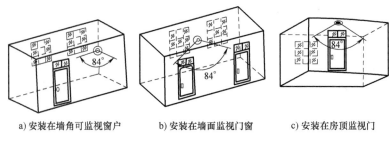

a) 安装在墙角可监视窗户　　b) 安装在墙面监视门窗　　c) 安装在房顶监视门

图9-14　被动式红外探测器的布置

（4）被动式红外探测器永远不能安装在某些热源（如暖气片、加热器、热管道等）的上方或其附近，否则会产生误报警。警戒区内最好不要有空调或热源，如果无法避免热源，则应与热源保持至少1.5m以上的间隔距离。

（5）为了防止误报警，不应将被动式红外探测器的探头对准任何温度会快速改变的物体，诸如电加热器、火炉、暖气、空调的出风口、白炽灯等强光源以及受到阳光直射的门窗等热源，以免由于热气流的流动而引起误报警。

（6）警戒区内注意不要有高大的遮挡物遮挡和电风扇叶片的干扰。

（7）被动式红外探测器的产品多数是壁挂式的，需安装在墙面或墙角。一般而言，墙角安装比墙面安装的感应效果好。安装高度通常为2~2.5m。

9-7 怎样安装超声波探测器？

当声波的频率超过 20kHz 就是人耳听不到的超声波。根据多普勒效应，超声波可用来侦察闭合空间内的入侵者。探测器由发送器、接收器及电子分析电路等组成。从发送器发射出去的超声波被监测区的空间界限及监测区内的物体反射回来，并由接收器接收。如果在监测区域内没有物体运动，那么反射回来的信号频率正好与发射出去的频率相同，但如果有物体运动，则反射回来的信号频率就会发生变化。超声波探测器的基本作用范围长为 9~12m，宽为 5~7.5m。

安装超声波探测器要注意使发射角对准入侵者最可能进入的场所，这样可提高探测的灵敏度。当入侵者向着或背着超声波收、发机的方向行走时，可使超声波产生较大的多普勒频移。使用超声波探测器，不能有过多的门窗，且均需关闭。收、发机不应靠近空调、排风扇、风机、暖气等，即要避开通风的设备和气体的流动。由于超声波对物体没有穿透性能，因此要避免室内的家具挡住超声波而形成探测盲区。超声波探测器安装示意图如图 9-15 所示。

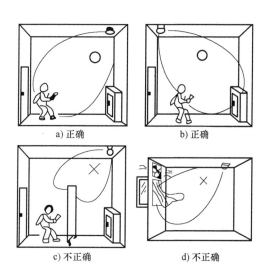

图 9-15 超声波探测器安装示意图

9-8 怎样安装微波探测器?

微波探测器是利用微波的多普勒效应设计的防盗报警装置。它具有微波发射与接收（收发两用机）的功能。探测器的振荡源向覆盖区域发射电磁波（微波），当接收者相对于振荡源不动时，则接收与发射的频率相同；但如果接收者与发射源有相对运动时，则接收与发射的频率将有差数，此频率差数称为多普勒频率。因此，只要检测出多普勒频率，就获得人体运动的信息，达到检测运动目标的目的，完成报警传感的功能。微波探测器的安装方法如图9-16所示。

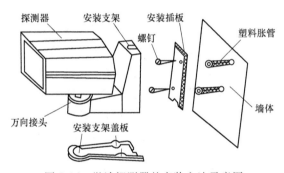

图 9-16　微波探测器的安装方法示意图

安装微波探测器应尽可能覆盖出入口，这样入侵者就会向着或者背着探测器运动，可获得高的探测率。微波探测器的探头不应对着大型金属物体或具有金属镀层的物体（如金属档案柜等），否则这些物体可能将微波反射到墙外或窗外的人行道或马路上，当行人或车辆通过时，经它们反射回来的微波信号，又可能通过这些金属物体再次反射给探头，从而引起误报。安装时还要注意，微波探测器的探头不应对准可能会活动的物体，如门帘、电风扇、排风扇或门窗等可能会振动的部位，否则这些物体可能会成为移动的目标而引起误报。微波探测器的探头也不应对准荧光灯、水银灯等气体放电光源。荧光灯产生的100Hz的调制信号，尤其是发生闪烁故障的荧光灯更容易引起干扰，因为灯内的电离气体更易成为微波运动的反射体而造成误报警。

9-9 如何安装双鉴探测器？

双鉴探测报警器又称双技术报警器、复合式报警器及组合式报警器。它是将两种探测技术组合在一起，以相与的关系来触发报警，即只有当两种探测器同时或相继在短暂时间内都探测到目标时，才可发出报警信号。常用的双鉴探测报警器有：超声波-被动红外、超声波-微波、微波-被动红外等几种。由于组件内有两种独立的探测技术作双重鉴证，所以避免了单技术因受环境干扰而导致的误报警。

在安装时要使两种探测器的灵敏度都达到最佳状态是难以做到的，采用折中的办法，使两种探测器的灵敏度在防范区内尽可能保持均衡即可。例如，被动红外探测器对横向切割探测区的人体最敏感，而微波探测器则对轴向（或径向）移动的物体最敏感。在安装时就应使探测区正前方的轴向方向与入侵者最有可能穿越的主要方向成为45°角左右，以便使两种探测器均能处于较灵敏的状态。

9-10 如何调试防盗报警系统？

防盗报警系统的功能调试通常包括以下内容：

（1）检查探测器的安装角度、探测范围，并进行步行测试，检查周界报警探测装置形成的警戒范围有无盲区。

（2）检查探测器独立防拆保护功能。

（3）检查防盗报警控制器的自检功能、编程功能、布防和旁路功能。

（4）检查防盗报警控制器发生报警后的声光显示和记录功能。

（5）当有报警联动要求时，检查相应的灯光、摄像、录像设备的联动功能。

（6）对区域型公共安全防范网络系统，检查其联网与响应功能。

（7）检查防盗报警系统与计算机集成系统的联网接口，以及该系统对防盗报警的集中控制与管理能力。

9-11 门禁系统由哪几部分组成？

门禁管制系统（简称门禁系统）又称出入口控制系统，它的功能是对出入主要管理区的人员进行认证管理，将不应该进入的人员拒之门外。

门禁系统是在建筑物内的主要管理区的出入口、电梯厅、主要设备控制机房、贵重物品的库房等重要部位的通道口安装门磁开关、电控锁或读卡机等控制装置，由中心控制室监控。系统采用多重任务的处理，能够对各通道口的位置、通行对象及时间等进行实时监控或设定程序控制。

门禁系统的基本结构框图如图 9-17 所示，其主要包括三个层次的设备：

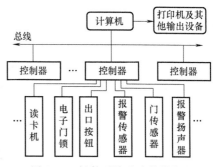

图 9-17　门禁系统基本结构框图

（1）低层设备。低层设备是指设在出入口处，直接与通行人员打交道的设备，包括读卡机、电子门锁、出口按钮、报警传感器和报警扬声器等。它们用来接收通行人员输入的信息，将这些信息转换成电信号送到控制器中，同时根据来自控制器的反馈信号，完成开锁、闭锁等工作。

（2）控制器。控制器接收到低层设备发来的有关人员的信息后，同已存储的信息进行比较并做出判断，然后再对低层设备发出处理的信息。单个控制器可以组成一个简单的门禁系统，用来管理一个或几个门。多个控制器通过网络同计算机连接起来就组成了整个建筑物的门禁系统。

（3）计算机。计算机装有门禁系统的管理软件，它管理着系统中所有的控制器，向它们发送控制命令，对它们进行设置，接收其发来的信息，完成系统中所有信息记录、存档、分析、打印等处理工作。

9-12　门禁及对讲系统有哪几种类型？各有什么特点？

门禁及对讲系统适用于高级住宅区、办公大楼、大型公寓、停车场以及重要建筑的入口处、金库门、档案室等处。进入室内的用户必须先经过磁卡识别，或输入密码、通过指纹、掌纹等生物辨识系统来识别身份，方可入内。采用这一系统，可以在楼宇控制中心掌握整个大楼内外所有出入口处的人流情况，从而提高了保安效果和工作效率。

门禁系统的辨识装置有以下几种：

（1）磁卡及读卡机。磁卡及读卡机是目前最常用的卡片系统，它利用磁感应对磁卡中磁性材料形成的密码进行辨识。磁卡的优点是成本低、可随时改变密码，使用相当方便。缺点是易被消磁和磨损。

（2）智能卡及读卡机。卡片内装有集成电路（IC）和感应线圈，读卡机产生一种特殊振荡频率，当卡片进入读卡机振荡能量范围时，卡片上感应线圈的感应电动势使 IC 所决定的信号发射到读卡机，读卡机将接收到的信号转换成卡片资料，送到控制器加以识别。当卡片上的 IC 为 CPU 时，卡片就有了"智能"，此时的 IC 卡也称智能卡。它的制造工艺复杂，但其具有不用在刷卡槽上刷卡、不用换电池、不易被复制、寿命长和使用方便等突出优点。

（3）指纹机。每个人的指纹均不完全相同，因而利用指纹机把进入人员的指纹与原来预存的指纹加以对比辨识，可以达到很高的安全性，但指纹机的造价要比磁卡机或 IC 卡系统高。

（4）视网膜辨识机。视网膜辨识机利用光学摄像对比原理，比较每个人的视网膜血管分布的差异。这种辨识系统几乎是不可能复制的，安全性高，但技术复杂。同时也存在着辨识时对人眼不同程度的伤害，人有病时，视网膜血管的分布也有一定变化，而影响辨识的准确度等不足之处。

此外，还有声音辨识机、掌纹辨识机等，或是存在某些不足，或是技术复杂、成本高，故不常用。

图 9-18 所示为用户磁卡门禁系统示意图；图 9-19 所示为活体指纹识别门禁系统示意图；

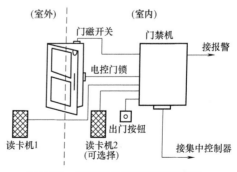

图 9-18　用户磁卡门禁系统示意图

图 9-20 所示为可视对讲防盗系统示意图。

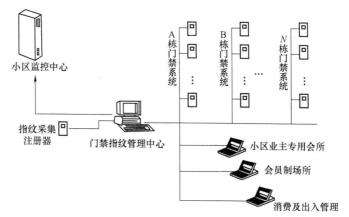

图 9-19 小区活体指纹识别门禁及监控系统图

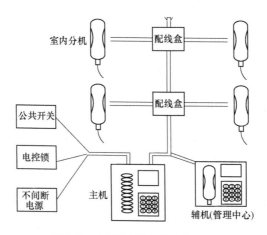

图 9-20 可视对讲防盗系统示意图

9-13 怎样安装门禁及对讲系统?

1. 管路和线缆的敷设

(1) 应符合设计图样的要求及有关标准和规范的规定。有隐蔽工程的,应办隐蔽验收。

（2）线缆回路应进行绝缘测试并有记录，绝缘电阻大于 20MΩ。

（3）地线、电源线应按规定连接。电源线与信号线应分槽（或管）敷设，以防干扰。采用联合接地时，接地电阻小于 1Ω。

2. 读卡机（IC 卡机、磁卡机、出票读卡机、验卡票机）的安装

（1）应安装在平整、坚固的水泥墩上，保持水平，不能倾斜。

（2）一般安装在室内，安装在室外时，应考虑防水措施及防撞装置。

（3）读卡机与闸门机安装的中心间距一般为 2.4~2.8m。

3. 楼宇对讲系统对讲机的安装

图 9-21、图 9-22 所示为楼宇对讲系统对讲机的安装方法，对讲机

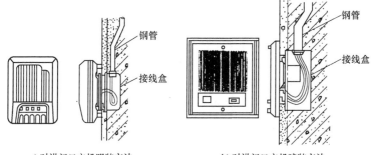

a) 对讲门口主机明装方法　　　　　　b) 对讲门口主机暗装方法

图 9-21　楼宇对讲系统对讲机的安装方法（1）

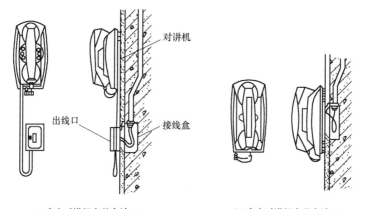

a) 室内对讲机安装方法(一)　　　　　　b) 室内对讲机安装方法(二)

图 9-22　楼宇对讲系统对讲机的安装方法（2）

的安装高度中心距地面 1.3～1.5m，室外对讲门口主机安装时，主机与墙之间为防止雨水进入，要用玻璃胶堵缝隙。

 9-14　如何调试门禁系统？

（1）指纹、视网膜、掌纹和复合技术等识别系统应按产品技术说明书和设计要求进行调试。

（2）检查系统与计算机集成系统的联网接口以及该系统对出入口（门禁）控制系统的集中管理和控制能力。

（3）检查微处理器或计算机控制系统，是否具有时间、逻辑、区域、事件和级别分档等判别及处理功能。

（4）对每一次有效的进入，检查主机是否能存储进入人员的相关信息，对非有效进入或被胁迫进入应有异地报警功能。

（5）检查各种鉴别方式的出入口控制系统工作是否正常，并按有效设计方案达到相关功能要求。

（6）检查系统防劫、求助、紧急报警是否工作正常，是否具有异地声光报警与显示功能。

 9-15　巡更保安系统由哪几部分组成？

现代大型楼宇中（如办公楼、宾馆、酒店等），出入口很多，来往人员复杂，需经常有保安人员值勤巡逻，较重要的场所还设有巡更站，定时进行巡逻，以确保安全。

巡更保安系统由巡更站、控制器、计算机通信网络和微机管理中心组成，如图9-23所示。巡更站的数量和位置由楼宇的具体情况决定，一般在几十个点以上，巡更站可以是密码台，也可以是电锁。巡更站安在楼内重要场所。

 9-16　巡更保安系统有哪几种类型？各有什么特点？

巡更系统分为有线式和无线式两种，其特点如下：

（1）有线巡更系统。有线巡更系统由计算机、网络收发器、前端控制器、巡更点等设备组成。保安人员到达巡更点并触发巡更点开关PT，巡更点将信号通过前端控制器及网络收发器送到计算机。巡更点

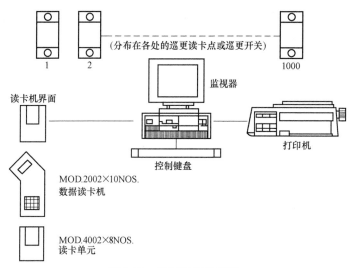

图 9-23　巡更系统示意图

主要设置在各主要出入口、主要通道、各紧急出入口、主要部门等处。该系统图及巡更点设置示意图如图 9-24 所示。

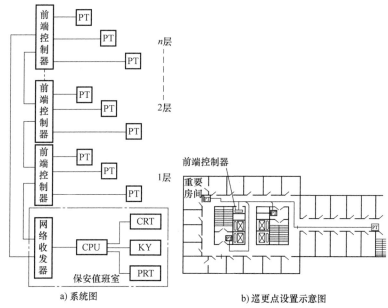

a) 系统图　　　　　　b) 巡更点设置示意图

图 9-24　有线巡更系统图及巡更点设置示意图

（2）无线巡更系统。无线巡更系统由计算机、传送单元、手持读取器、编码片等设备组成。编码片安装在巡更点处代替巡更点，保安人员巡更时手持读取器读取巡更点上的编码片资料，巡更结束后将手持读取器插入传送单元，使其存储的所有信息输入到计算机，记录各种巡更信息并可打印各种巡更记录。

9-17　巡更保安系统应满足哪些技术要求？

巡更系统应满足以下要求：

（1）巡更系统必须可靠连续运行，停电后应能维持24h工作。

（2）备有扩展接口，应配置报警输出接口和输入信号接口。

（3）有与其他子系统之间可靠通信的联网能力，且具备网络防破坏功能。

（4）应具有先进的管理功能，主管可以根据实际情况随时更改巡更路线、行走方向以及到达巡更点的时间，使外部人员摸不清巡更规律。

（5）在巡更间隔时间可调用巡更系统的巡更资料，并进行统计、分析和打印等。

巡更保安系统可以用微处理机组成独立的系统，也可纳入大楼设备监控系统。如果大楼已装设管理计算机系统，应将巡更保安系统与其合并在一起，这样比较经济合理。

9-18　怎样安装巡更保安系统？

（1）有线式电子巡更系统应在土建施工时同步进行。每个电子巡更站点需穿 RVS（或 RVV）$4×0.75mm^2$ 铜芯塑料线。

无线式电子巡更系统不需穿管布线，系统设置灵活方便。每个电子巡更站点设置一个信息钮。信息钮应有唯一的地址信息。

设有门禁系统的安防系统，一般可用门禁读卡器用作电子巡更站点。

（2）有线巡更信息开关或无线巡更信息钮，应按设计要求安装在各出入口主要通道或其他需要巡更的站点上，其高度宜离地面1.3～1.5m。

（3）安装应牢固、端正，户外应有防水措施。

 9-19　如何检查与调试巡更保安系统？

（1）读卡式巡更系统应保证确定为巡更用的读卡机在读巡更卡时正确无误，检查实时巡更是否和计划巡更一致，若不一致应能发出报警。

（2）采用巡更信息钮（开关）的信息应正确无误，数据能及时收集、统计、打印。

（3）按照巡更路线图检查系统的巡更终端、读卡机的响应功能。

（4）检查巡更管理系统对任意区域或部位按时间线路进行任意编程修改的功能以及撤防、布防的功能。

（5）检查系统的运行状态、信息传输、故障报警和指示故障位置的功能。

（6）检查巡更管理系统对巡更人员的监督和记录情况、安全保障措施和对意外情况及时报警的处理手段。

（7）对在线联网的巡更管理系统还需要检查电子地图上的显示信息、遇有故障时的报警信号以及与电视监视系统等的联动功能。

（8）巡更系统的数据存储记录保存时间应满足管理要求。

 9-20　自动门有哪几种类型？各有什么特点？

自动门按门的规格分类，有摆动式、滑动式和转动式等。

自动门按监控方式分类，有雷达开关自动门、电动席垫自动门、触摸式开关自动门、红外线开关自动门、光电管开关自动门、超声波开关自动门、卡片开关自动门、脚踏开关自动门和拉式开关自动门。

常用自动门的特点如下：

（1）席垫开关自动门。在大门入口处内外两侧的地毯下面各设一个专门席垫，开关就装在席垫上，当有人压在上面时就自动开门。饭店和咖啡厅常用席垫开关自动门。

（2）触摸式开关自动门。触摸式开关装置隐蔽在门的旋钮内。机械式触摸开关自动门只需用很轻的推力便可使门自动开启；而电子式触摸开关是通过电磁传感器将信号输出，使门自动开启。饭店和商场常用这种自动门。

（3）卡片开关自动门。卡片是按规定的信号预先写入 IC 卡或磁卡中，电子锁内装设鉴别单元，可以识别核准卡片信息而自动开门。宾馆、计算机房等常用这种自动门。

（4）红外线开关自动门。红外线开关自动门由探头、运算放大器、单稳态触发器、出口继电器等组成，当有人靠近探头时便自动将门开启。它适用于高级宾馆、酒店的入口大门上。

9-21　怎样安装自动门？

自动门的驱动机构，有气动式和电动式两种。电动式自动门能耗低、噪声小、使用方便，得到广泛使用。

自动门的伺服电动机、控制器和传动机构均安装在门的上方过梁上。如果为旋转式自动门，控制器设在门侧。

在自动门内侧附近的房间内（如值班室），设置一个容量与之相适应的电源开关，并从该开关引线，通过钢管暗敷方式，接至自动门上方的过梁端头或门侧的墙上即可，其余管线敷设则需在取得产品说明书后，在现场配合施工。

9-22　停车场（库）管理系统由哪几部分组成？

停车场管理系统主要由以下几部分组成：

（1）车辆出入的检测与控制。通常采用环形感应线圈方式或光电检测方式。

（2）车位和车满的显示与管理。可采用车辆计数方式和有无车位检测方式等。

（3）计时收费管理。根据停车场特点有无人自动收费和人工收费等。

停车场管理系统的组成如图 9-25 所示，典型的停车场管理系统示意图如图 9-26 所示。

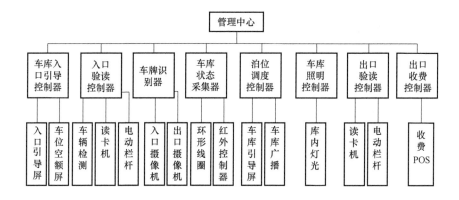

图 9-25　停车场管理系统的组成

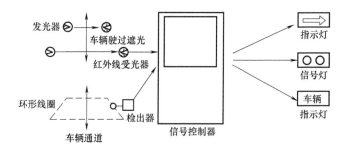

图 9-26　停车场管理系统示意图

 9-23　车辆出入检测方式有哪几种？各有什么特点？

1. 红外光电检测方式

检测器由一个投光器和一个受光器组成。投光器产生红外不可见光，经聚焦后成束型发射出去，受光器拾取红外信号。当车辆进出时，光束被遮断，车辆的"出"或"入"信号送入控制器，如图9-27a所示。图中一组检测器使用两套收发装置，是为了区分通过的是人还是汽车；而采用两组检测器是利用两组的遮光顺序来同时检测车辆的行进方向。

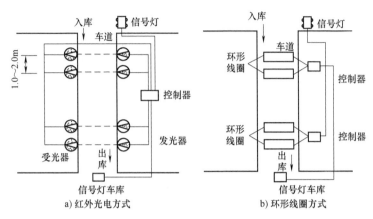

图 9-27　检测出入车辆的两种方式

2. 环形线圈检测方式

环形线圈检测方式如图 9-27b 所示。使用电缆或绝缘导线做成环形，埋在车路地下，当车辆（金属）驶过时，其金属车体使线圈发生短路效应而形成检测信号。而两组检测器是为了同时检测车辆的行进方向。

 9-24　怎样安装停车场（库）管理系统？

1. 线缆敷设注意事项

（1）感应线圈埋设深度距地表面不小于 0.2m，长度不小于 1.6m，宽度不小于 0.9m，感应线圈至机箱处的线缆应采用金属管保护，并且固定牢固。感应线圈应埋设在车道居中位置，并与读卡机、闸门机的中心间距保持在 0.9m 左右，且保证环形线圈 0.5m 平面范围内不能有其他金属物，严防碰触周围金属。

（2）管路、线缆敷设应符合设计图样的要求及有关标准和规范的规定。有隐蔽工程的应办隐蔽验收。

2. 闸门机和读卡机（IC 卡机、磁卡机、出票读卡机、验票机）安装注意事项

（1）应安装在平整、坚固的基础上，保持水平，不能倾斜。

（2）一般安装在室内，当安装在室外时，应考虑防水措施及防撞装置。

（3）闸门机与读卡机的安装中心间距一般为 2.4~2.8m。

3. 信号指示器安装注意事项

（1）车位状况信号指示器应安装在车道出入口的明显位置，其底部离地面高度保持在 2.0~2.4m 左右。

（2）车位状况信号指示器一般安装在室内，安装在室外时，应考虑防水措施。

（3）车位引导显示器应安装在车道中央上方，便于识别引导信号，其离地面高度保持在 2~2.4m 左右；显示器的规格一般不小于长 1m、宽 0.3m。

（4）出入口信号灯与环形线圈或红外装置的距离至少应在 5m 以上，10~15m 为宜。

4. 红外光电式检测器的安装

安装红外光电式检测器时，除了收、发装置相互对准外，还应注意接收装置（受光器）不可让太阳光直射到，红外光电式检测器的安装如图 9-28 所示。

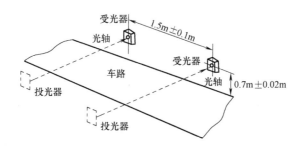

图 9-28 红外光电式检测器的安装

5. 环形线圈的安装

在环形线圈埋入车路的施工时，应特别注意是否碰触周围金属，环形线圈 0.5m 平面范围内不可有其他金属物。环形线圈的安装如图 9-29 所示。

 9-25 如何检查与调试停车场（库）管理系统？

（1）检查感应线圈的位置和响应速度是否正确。

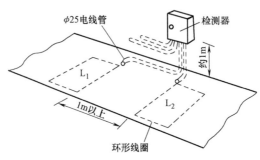

图 9-29 环形线圈的安装

（2）检查车库管理系统的车辆进入、分类收费、收费指示牌、导向指示牌是否正确。

（3）检查闸门机工作是否正常，进/出口车牌号复核等功能应达到设计要求。

（4）检查读卡器正确刷卡后的响应速度是否达到设计或产品技术标准要求。

（5）检查闸门的开放和关闭的动作时间是否符合设计或产品技术标准要求。

（6）检查按不同建筑物要求而设置的不同管理方式的车库管理系统是否正常工作，且应符合设计要求；通过计算机网络和视频监控及识别技术，是否能实现对车辆的进出行车信号指示、计费、保安等方面的综合管理。

（7）检查入口车道上各设备（自动发票机、验卡机、自动闸门机、车辆感应检测器、入口摄像机等）以及各自完成 IC 卡的读/写、显示、自动闸门机起落控制、入口图像信息采集，以及与收费主机的实时通信等功能，均应符合设计和产品技术性能标准的要求。

（8）检查出口车道上各设备（读卡机、验卡机、自动闸门机、车辆感应检测器等）以及各自完成 IC 卡的读/写、显示、自动闸门机起落控制以及与收费主机的实时通信等功能，应符合设计和产品技术标准。

（9）检查收费管理处的设备（收费管理主机、收费显示屏、打印机、发/读卡机、通信设备等）以及各自完成车道设备实时通信、车道设备的监视与控制、收费管理系统的参数设置、IC卡发售、挂失处理及数据收集、统计汇总、报表打印等功能，应符合设计和产品技术标准。

（10）检查系统与计算机集成系统的联网接口以及该系统对车库管理系统的集中管理和控制能力。各子系统的输入/输出能否在集成控制系统中实现输入/输出，其显示和记录能否反映各子系统的相关关系。

9-26 闭路电视监控系统由哪几部分组成？

电视监控系统一般由摄像、传输、控制、显示与记录四部分组成。典型的电视监控系统结构组成如图 9-30 所示。

1. 摄像部分

摄像部分是安装在现场的设备，它的作用是对所监视区域的目标进行摄像，把目标的光、声信号变成电信号，然后送到系统的传输部分。

摄像部分包括摄像机、镜头、防护罩、云台（承载摄像机可进行水平和垂直两个方向转动的装置）及支架。摄像机是摄像部分的核心设备，它是光电信号转换的主体设备。

摄像部分是电视监控系统的"眼睛"，一般布置在监视现场的某一部位，使其视角能覆盖被监视的范围。假如加装可遥控的电动变焦距镜头和可遥控的电动云台，则摄像机能覆盖的角度就更大，观察的距离更远，图像也更清晰。

2. 传输部分

传输部分的任务是把现场摄像机发出的电信号传送到控制中心，它一般包括线缆、调制与解调设备、线路驱动设备等。传输的方式有两种：一是利用同轴电缆、光纤这样的有线介质进行传输；二是利用无线电波这样的无线介质进行传输。

电视监控系统的监视现场和控制中心之间有两种信号传输：一种信号是将摄像机得到的图像信号传到控制中心；另一种信号是将控制中心发出的控制信号传输到监控现场。即传输系统包括电视信号和控

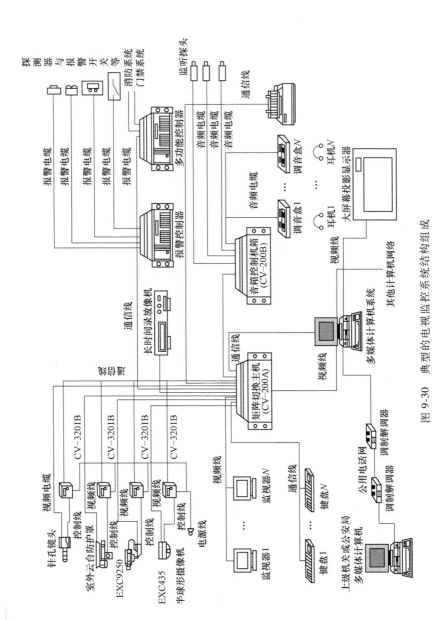

图 9-30 典型的电视监控系统结构组成

制信号的传输。

3. 显示与记录部分

显示与记录部分是把从现场传送来的电信号转换成图像在监视设备上显示并记录，它包括的设备主要有监视器、录像机、视频切换器、画面分割器等。

4. 控制部分

电视监控系统需要控制的内容有：电源控制（包括摄像机电源、灯光电源及其他设备电源）、云台控制（包括云台的上下、左右及自动控制）、镜头控制（包括变焦控制、聚焦控制及光圈控制）、切换控制、录像控制、防护罩控制（防护罩的雨刷、除霜、加热、风扇降温等）。

控制部分一般安放在控制中心机房，通过有关的设备对系统的摄像、传输、显示与记录部分的设备进行控制与图像信号的处理，其中对系统的摄像、传输部分进行的是远距离的遥控。被控制的主要设备有电动云台、云台控制器和多功能控制器等。

 9-27 如何配置闭路电视监控系统？

电视监控系统配置前，首先要明确系统的规模、监视的范围和系统形式。对所需监视的范围和目标要做总体考虑，做到心中有数。对系统的技术指标和功能要求也必须明确，然后设计和确定系统的组成及设备配置。

（1）根据摄像机配置的数量确定控制台所需的输入回路数和监视器的数量。比如采用4∶1方式配置，如果系统设置20台摄像机，则配置5台监视器，根据监视器的数量就可决定控制台的输出路数。

（2）根据监控范围内要害地点的数目选择录像机台数。当需要连续录像时，要选用长时间录像机。当系统中摄像机比较多时，可考虑采用"多画面分割器"或装设多画面处理器。

（3）根据摄像机所用的镜头要求决定控制台是否有对应的控制功能，如变焦、聚焦、光圈控制等。

（4）根据摄像机是否使用云台决定控制台是否应有对应的控制功能，如云台的水平、垂直运行控制等。

（5）根据系统内摄像机的多少和摄像机离控制中心的距离等实际情况，确定控制台输出控制命令的方式，如直接控制或采用解码器的通信编码间接控制等。

（6）根据系统内设备分布情况和监控范围内的风险等级要求等因素，确定采用集中电源还是分散配置电源，是否需要配置不间断电源以及电源容量。

 9-28 如何选择摄像机？

根据系统对摄像机的功能要求和实际情况，选择摄像机色彩和监视器。摄像机镜头也要根据系统要求和实际情况选择。要根据视场角大小和镜头到监视目标的距离确定其焦距。

（1）对于固定目标，可选用定焦距镜头。

（2）摄取远距离目标，可采用望远镜头。

（3）摄取小视距、大视角目标，可采用广角镜头。

（4）摄取大范围画面，可采用带全景云台的摄像机，并根据监控区域的大小选用 6 倍以上的电动遥控变焦距镜头。

（5）隐蔽安装的摄像机，根据情况可采用针孔镜头等。

 9-29 怎样安装手动云台？

图 9-31 为一种半固定式手动云台，这种云台是采用四个螺栓将云台底板固定在建筑物梁、屋架或自制的钢支架上，使云台保持水平，将云台固定好后，旋松底板上面的三个螺母，可以调节摄像机的水平方位。当水平方位调节后，便旋紧三个固定螺母。

为了调节摄像机的俯仰角度，可以松开云台侧面螺母，调节完毕后即旋紧侧面螺母，使摄像机

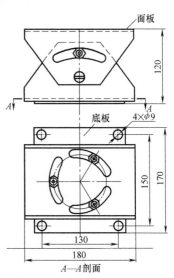

图 9-31　YTB-I 型半固定式
云台安装尺寸

固定在要求的位置上。

这种手动云台的摄像机固定面板上有若干个固定孔，可以供多种摄像机及其防护罩使用。

手动云台除了半固定式以外还有悬挂式手动云台和横臂式手动云台。这两种云台的特点是将手动云台与悬吊支架、壁装支架制作成为一体化产品，安装简单，使用方便，特别适用于轻型监视用固定摄像机的安装。

几种手动云台的安装与应用，如图 9-32 所示。悬挂式手动云台主要安装在顶棚上，但必须固定在顶棚上面的承重主龙骨上，也可安装在平台上，如图 9-32a 所示。横臂式手动云台则安装在垂直的柱、墙面上，如图 9-32b 所示。半固定式手动云台安装于平台或凸台上，如图 9-32c 所示。

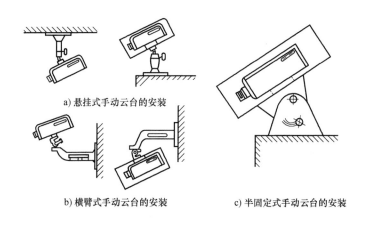

a) 悬挂式手动云台的安装

b) 横臂式手动云台的安装

c) 半固定式手动云台的安装

图 9-32　手动云台的安装

9-30　如何安装电动云台？

电动云台分为室内和室外两种类型，图 9-33 所示为 YT-Ⅰ型室内电动云台，用它可以带动摄像机寻找固定或活动目标，具有转动灵活、平稳的特点。它可以水平旋转 320°，垂直旋转 ±45°，可以直接将摄像机安装在云台上或通过摄像机的防护罩再安装摄像机。

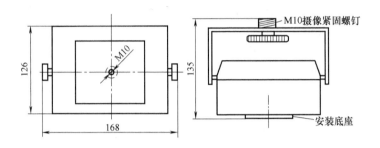

图 9-33　YT-Ⅰ型室内电动云台安装尺寸

9-31　安装摄像机应注意什么？

摄像机是系统中最精密的设备。安装前，建筑物内的土建、装修工程应已结束，各专业设备安装基本完毕，系统的其他项目均已施工完毕后，在安全、整洁的环境条件下方可安装摄像机。

摄像机的安装应注意以下各点：

（1）安装前摄像机应逐一接电进行检测和调整，使摄像机处于正常工作状态。

（2）检查云台的水平、垂直转动角度和定值控制是否正常，并根据设计要求整定云台转动起点和方向。

（3）从摄像机引出的电缆应至少留有 1m 的余量，以利于摄像机的转动。不得利用电缆插头和电源插头承受电缆的重量。

（4）摄像机宜安装在监视目标附近不易受到外界损伤的地方，室内安装高度以 2.5～5m 为宜；室外安装高度以 3.5～10m 为宜。电梯轿厢内的摄像机应安装在轿厢的顶部。摄像机的光轴与电梯轿厢的两个面壁成 45°角，并且与轿厢顶棚成 45°俯角为适宜。

（5）摄像机镜头应避免强光直射，应避免逆光安装，若必须逆光安装，应选择将监视区的光对比度控制在最低限度范围内。

（6）在高温多尘的场合，对目标实行远距离监视控制和集中调度的摄像机，要加装风冷防尘保护设施。

9-32 怎样安装机柜？

在监控室装修完成且电源线、接地线、各视频电缆、控制电缆敷设完毕后，方可将机柜及监控台运入安装。

安装机柜的方法如下：

（1）机柜的底座应与地面固定。

（2）机柜安装应竖直平稳，垂直偏差不得超过 1‰。

（3）几个机柜并排在一起时，面板应在同一平面上并与基准线平行，前后偏差不得大于 3mm，两个机柜中间缝隙不大于 3mm。

（4）对于相互有一定间隔而排成一列的设备，其面板前后偏差不大于 5mm。

9-33 如何安装监控台？

为了监视方便，通常将监视器、视频切换器、控制器等组装在一个监控台上。这种监控台通常设置在控制室内，其外形如图 9-34 所示。有的监控台还设有录像机、打印机、数码显示器和报警器等。

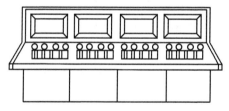

图 9-34 系统监控台示意图

（1）监控台应安装在室内有利于监视的位置，要使监视器不面向窗户，以免阳光射入，影响图像质量。

（2）监控柜正面与墙的净距应不小于 1.2m，侧面与墙或其他设备的净距在主要走道不小于 1.5m，次要走道不小于 0.8m。

（3）监控柜背面和侧面距离墙的净距不小于 0.8m。

（4）监控柜内的电缆理直后应成捆绑扎，在电缆两端留适当余量，并标示明显的永久性标记。

9-34 如何调试电视监控系统？

调试顺序一般分为单体调试、系统调试。

1. 单体调试

调试时，接通视频电缆对摄像机进行调试。合上控制器、监视器电源，若设备指示灯亮，则合上摄像机电源，监视器屏幕上便会显示图像。图像清晰时，可遥控变焦，遥控自动光圈，观察变焦过程中图像的清晰度。如果出现异常情况便应做好记录，并将问题妥善处理。若各项指标都能达到产品说明书所列的数值，便可遥控电动云台带动摄像机旋转。若在静止和旋转过程中图像清晰度变化不大，则认为摄像机工作情况正常，可以使用。云台运转情况平稳、无噪声，电动机不发热，速度均匀，可认为能够进行安装。

2. 系统调试

当各种设备单体调试完毕，便可进行系统调试。此时，按照施工图对每台设备（摄像机、云台等）进行编号，合上总电源开关，监控室同监视现场之间利用对讲机进行联系，做好准备工作，再开通每一摄像回路，调整监视方位，使摄像机能准确地对准监视目标或监视范围，通过遥控方式变焦、调整光圈、旋转云台，扫描监视范围。如图像出现阴暗斑块，则应调整监视区域灯具位置和亮度，提高图像质量。在调试过程中，每项试验应做好记录，及时处理安装时出现的问题。

9-35　如何维护电视监控系统？

（1）当监视器图像不清晰时，应调节监视器上的旋钮，检查视频线有无松动，校正镜头焦距，清理镜片和防尘罩上的灰尘，检查摄像头或镜头是否损坏。

（2）当监视器没有图像时，应检查摄像头是否通电，检查视频连线有无断裂，检查摄像头是否损坏。

（3）控制器不能控制时，应检查控制器控制电压有无输出，检查控制电压有无输入，检查输入插件是否损坏，检查输出插件是否损坏。

9-36　怎样保养电视监控系统？

每月对系统进行一次维护保养，保养工作内容如下：

（1）检查防尘罩，并清洁干净，擦洗镜头，清理降温风扇，调校镜头焦距。

（2）检查摄像设备支撑杆的固定及防腐是否良好。

（3）检查监视室的通风、照明，检查各控制系统、监视系统连线接触是否良好。

（4）对于室外摄像系统，检查其防风、防雨、防尘罩的密封，检查避雷针接地是否良好。

第10章

建筑物防雷与安全用电

❓ 10-1 常用接闪器有哪些？各有什么特点？

接闪器是专门用来接受直接雷击的金属导体。接闪器的功能实质上起引雷作用，将雷电引向自身，为雷云放电提供通路，并将雷电流泄入大地，从而使被保护物体免遭雷击、免受雷害的一种人工装置。根据使用环境和作用不同，接闪器有避雷针、避雷带和避雷网三种装设形式。

（1）避雷针。避雷针是用镀锌圆钢或镀锌钢管制成，其顶端呈针尖状，下端经接地引线与接地装置焊接在一起。避雷针通常安装于被保护物体顶端的突出位置。

单支避雷针的保护范围为一近似的锥体空间，如图 10-1 所示。由

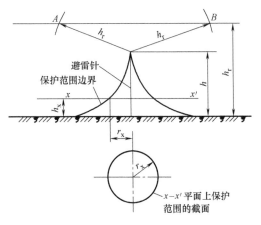

图 10-1 单支避雷针的保护范围

h—避雷针的高度 h_r—滚球半径 h_x—被保护物高度 r_x—在 x-x' 水平面上的保护半径

图可见应根据被保护物体的高度和有效保护半径确定避雷针的高度和安装位置，以使被保护物体全部处于保护范围之内。

（2）避雷带。避雷带是一种沿建筑物顶部突出部位的边沿敷设的接闪器，对建筑物易受雷击的部位进行保护，如图 10-2 所示。一般高层建筑物都装设这种形式的接闪器。

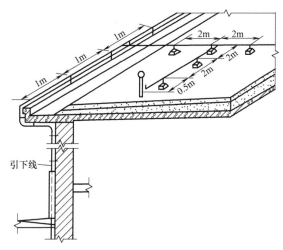

图 10-2　平顶楼的避雷带

（3）避雷网。避雷网是用金属导体做成网状的接闪器。它可以看作纵横分布、彼此相连的避雷带。显然避雷网具有更好的防雷性能，多用于重要高层建筑物的防雷保护。

 ## 10-2　避雷器有什么用途？

避雷器主要用于保护发电厂、变电所的电气设备以及架空线路、配电装置等，用来防护雷电产生的过电压，以免危及被保护设备的绝缘。使用时，避雷器接在被保护设备的电源侧，与被保护线路或设备相并联，避雷器的接线图如图 10-3 所示。当线路上出现危及设备安全的过电压时，避雷器的火花间隙就被击穿，或由高阻变为低阻，使过电压对地放电，从而保护设备免遭破坏。避雷器的型式主要有阀式避雷器和管式避雷器等。

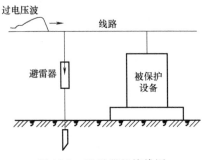

图 10-3　避雷器的接线图

 10-3　什么是保护间隙？怎样安装保护间隙？

当缺乏避雷器时，可采用保护间隙作为防雷设备。保护间隙又称角式避雷器，角式避雷器简单经济，维护方便，但保护性能差，灭弧能力小，容易造成接地或短路故障，引发断电事故。因此对于装有保护间隙的线路，一般要求装设自动重合闸装置与之配合，以保证工作的可靠性。保护间隙安装是一个电极接线路，另一个电极接地；间隙的电极可用直径为 6~10mm 的镀锌圆钢制成。为防止间隙被外物（如鸟、树枝等）短接而造成短路，常在其接地引下线中串联一个辅助间隙。

 10-4　基本防雷措施有哪些？

（1）防止直击雷的重要措施是装设避雷针、避雷线、避雷网及避雷带。

（2）防止静电感应过电压的措施是将建筑物内的金属设备、金属管路及结构的钢筋等给予接地。

（3）低压线路防止雷电波侵入的措施是，对于重要用户，采用直埋电缆配电，在进户处将电缆金属外皮接地，或由架空线路转经 50m以上的直埋电缆配电，在电缆和架空转接处装一组低压阀型避雷器，并将电缆金属外皮和绝缘子的铁脚一并接地。对于一般用户，当采用架空线进户时，将进户线横担、绝缘子的铁脚一并接地。若要保护直入式电能表，在进户线处应增装一组低压阀型避雷器。

（4）架空管道防止雷电波侵入的措施是，在管道进口及邻近处100m 内，采取 1~4 处接地。该接地装置可与电气设备接地装置共用。

 10-5　建筑物防雷有哪几种类型？

建筑物防雷分为以下三类：

1. 一类防雷建筑物

（1）具有特别重要用途的建筑物。如国家级的会堂、办公建筑、大型展览建筑；特等火车站；国际性的航空港、通信枢纽、国宾馆、大型旅游建筑物等。

（2）国家级重点文物保护的建筑物和构筑物。

（3）超高层建筑物。

2. 二类防雷建筑物

（1）重要的或人员密集的建筑物。如部、省级的办公楼；省级大型集会、展览、体育、交通、通信、广播、商业、影剧院建筑等。

（2）省级重点文物保护的建筑物和构筑物。

（3）19 层及以上的住宅建筑和超过 50m 的其他民用和工业建筑。

（4）省级以上大型计算中心和装有重要电子设备的建筑物。

3. 三类防雷建筑物

（1）建筑物年预计雷击次数为 0.05 次，或超过调查确认需要防雷的建筑物。

（2）建筑群中高于其他建筑或处于边缘地带的高度为 20m 及以上的民用和一般工业建筑物；建筑物高于 20m 的突出物体。在雷电活动强烈地区其高度为 15m 以上，雷电活动较弱地区其高度为 25m 以上。

（3）高度超过 15m 的烟囱、水塔等建筑物或构筑物。在雷电活动较弱地区其高度为 20m 以上。

（4）历史上雷害事故严重地区的建筑物或雷害事故较多地区的较重要建筑物。

10-6 如何安装避雷针？

（1）避雷针接地引下线连接要焊接可靠，接地装置安装要牢固，接地电阻应符合要求（一般不能超过10Ω）。

（2）避雷针独立安装时，避雷针与配电装置的导电部分、变电所电气设备和构架接地部分之间的空气间距不应小于5m；接地装置与变电所接地网的地中距离不应小于3m。

（3）为防止雷击时，因避雷针放电时产生"反击"，将变压器绝缘击穿。自避雷针与接地网的连接处起，到变压器与接地网的连接处止，沿接地的地中距离不应小于15m。

（4）构架上的避雷针应与接地网连接，并应在其附近装设集中接地装置。

（5）屋顶上装设的防雷金属网和建筑物顶部的避雷针及金属物体应焊接成一个整体。

（6）照明线路、天线或电话线等严禁架设在独立避雷针的针杆上，以防雷击时，雷电流沿线路侵入室内，危及到人身和设备安全。

（7）装有避雷针的构架上的照明电源线，必须采用直接埋入地下的带金属护层的电缆或穿入金属管中的电线。电缆护层或金属管必须接地，埋地长度应在10m以上，方可与35kV及以下配电装置的接地网相连或与电源线、低压配电装置相连接。

10-7 怎样安装阀式避雷器？

（1）安装前应对避雷器进行工频交流耐压试验、直流泄漏试验及绝缘电阻的测定，达不到标准时，不准投入运行。

（2）阀式避雷器的安装，应便于巡视和检查，并应垂直安装不得倾斜，引线要连接牢固，上接线端子不得受力。

（3）阀式避雷器的瓷套应无裂纹，密封应良好。

（4）阀式避雷器安装位置应尽量靠近被保护设备。避雷器与3～10kV变压器的最大电气距离，雷雨季经常运行的单路进线不大于15m，双路进线不大于23m，三路进线不大于27m。若大于上述距离时，应在母线上设阀式避雷器。

（5）安装在变压器台上的阀式避雷器，其上端引线（即电源线）最好接在跌落式熔断器的下端，以便与变压器同时投入运行或同时退出运行。

（6）阀式避雷器上、下引线的截面积都不得小于规定值，铜线不小于 $16mm^2$，铝线不小于 $25mm^2$，引线不许有接头，引下线应附杆而下，上、下引线不宜过松或过紧。

（7）阀式避雷器接地引下线与被保护设备的金属外壳应可靠地与接地网连接。线路上单组阀式避雷器，其接地装置的接地电阻不应大于 5Ω。

 10-8　怎样安装管式避雷器？

（1）额定断续能力与所保护设备的短路电流相适应。

（2）安装时，应避免各管式避雷器排出的电离气体相交而造成短路，但在开口端固定的避雷器，则允许它排出的电离气体相交。

（3）管式避雷器宜垂直安装，开口端向下。当倾斜安装时，与水平线的夹角不小于 15°；在严重污秽地区，为减少其表面上的积垢，应使管式避雷器与水平线向下倾斜的夹角不小于 45°，以便下雨时将尘土冲刷掉。

（4）为防止雨水造成外部间隙短路，额定电压 10kV 及以下的管式避雷器的间隙电极不可垂直安装。

（5）装设在木杆上的管式避雷器，一般采用共用的接地装置，并可与避雷线共用一根接地引下线。

（6）管式避雷器及外部间隙应安装牢固可靠，以保证管式避雷器运行中的稳定性。

（7）管式避雷器的安装位置应便于巡视和检查，安装地点的海拔一般不超过 1000m。

 10-9　如何维护防雷设施？

防雷设施大都露天安装，容易发生腐蚀、断裂等损坏，应经常进行检查和维护。如果防雷系统设施遭受破坏或工作性能不良，不但不能发挥防雷作用，反而成为导致雷击危害的因素。一般在检查维护中应注意以下几点：

（1）接闪器和避雷器在任何情况下都必须保证可靠接地，它们与引下线及引下线与接地装置之间应采用焊接连接。

（2）每年雷雨季节来临之前，应对防雷系统设施的各个环节进行检查。如发现有接地引下线严重腐蚀（使实际截面积减少30%以上），应及时更换；有松脱、断裂的应进行焊补或紧固；接地电阻变大不符合要求的也应采取相应的补救措施（如加大接地装置等）。

（3）每次雷雨后，也应及时进行全面检查，查看是否因雷击放电导致某些连接点松脱断开或烧毁，并应立即进行相应的修理。

（4）避雷器应每年雷雨季节进行一次试验检查，性能不符合要求的应立即更换。

10-10 常用的接地方式有哪几种？

根据接地的作用不同，接地方式可分为以下几种：

1. 保护接地

为了保障人身安全，防止间接触电事故，将电气设备外露可导电部分如金属外壳、金属构架等，通过接地装置与大地可靠连接起来，称为保护接地，如图10-4所示。其中PEN称为保护中性零线，是指中性线N和保护零线PE（又称保护地线或保护线）合用一根导线与变压器中性点相连。保护接地可有效防止发生触电事故，保障人身安全。

对电气设备采取保护接地措施后，如果这些设备因受潮或绝缘损坏而使金属外壳带电，那么电流会通过接地装置流入大地，只要控制好接地电阻的大小，金属外壳的对地电压就会限制在安全数值以内。

2. 工作接地

为了保证电气设备的安全运行，将电路中的某一点（例如变

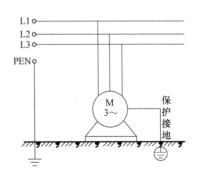

图10-4 保护接地示意图

压器的中性点）通过接地装置与大地可靠地连接起来，称为工作接地，工作接地（又称系统接地）如图 10-5 所示。它可以在工作或事故情况下，保证电气设备可靠地运行，降低人体的接触电压，迅速切断故障设备，降低了电气设备和配电线路对绝缘水平的要求。

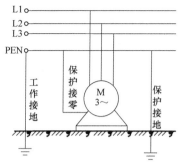

图 10-5　工作接地、重复接地和保护接零示意图

3. 防雷接地

为了防止电气设备和建筑物因遭受雷击而损坏，将避雷针、避雷器等设备进行接地，称为防雷接地。

4. 屏蔽接地

一方面是为了防止外来的电磁波的干扰和侵入，造成电子设备的误动作或通信质量的下降，另一方面是为了防止电子设备产生的高频向外部泄放，需将线路的滤波器、变压器的静电屏蔽层、电缆的屏蔽层、屏蔽室的屏蔽网等进行接地，称为屏蔽接地。高层建筑为了减少竖井内垂直管道受雷电流感应产生的感应电动势，将竖井混凝土壁内的钢筋予以接地，也属于屏蔽接地。

5. 静电接地

静电是由于摩擦等原因而产生的积蓄电荷，要防止静电放电产生事故或影响电子设备的工作，就需要有使静电荷迅速向大地泄放的接地，称为静电接地。

6. 等电位接地

医院的某些特殊的检查和治疗室、手术室和病房中，病人所能接触到的金属部分（如床架、床灯、医疗电器等），不应发生有危险的电位差，因此要把这些金属部分相互连接起来成为等电位体并予以接地，称为等电位接地，高层建筑中为了减少雷电流造成的电位差，将每层的钢筋网及大型金属物体连接成一体并接地，也是等电位接地。

10-11   接地和接零时应该注意什么？

（1）在中性点直接接地的低压电网中，用电设备宜采用接零保护；在中性点非直接接地的低压电网中，用电设备宜采用接地保护。

（2）在同一配电线路中，不允许一部分电气设备接地，另一部分电气设备接零，以免接地设备一相碰壳短路时，可能由于接地电阻较大，而使保护电器不动作，造成中性点电位升高，使所有接零的设备外壳都带电，反而增加了触电的危险。

（3）由低压公用电网供电的电气设备，只能采用保护接地，不能采用保护接零，以免接零的电气设备一相碰壳短路时，造成电网的严重不平衡。

（4）为防止触电危险，在低压电网中，严禁利用大地作相线或零线。

（5）用于接零保护的零线上不得装设开关或熔断器，单相开关应装在相线上。

（6）户外架空线路宜采用集中重复接地，这对雷电流有分流作用，有利于限制雷电压过高。

 10-12   接地装置由哪几部分组成？

电气设备的接地体及接地线的总和称为接地装置。

接地体即为埋入地中并直接与大地接触的金属导体。接地体分为自然接地体和人工接地体。人工接地体又可分为垂直接地体和水平接地体两种。

接地线即为电气设备金属外壳与接地体相连接的导体。接地线又可分为接地干线和接地支线。接地装置的组成如图10-6所示。

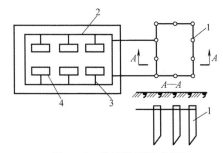

图 10-6   接地装置示意图

1—接地体   2—接地干线   3—接地支线   4—电气设备

10-13　接地体的种类有哪几种？各有什么特点？

1. 自然接地体

凡是与大地有可靠接触的金属物体，都可作为自然接地体。如埋入地下的金属管道、金属结构、钢筋混凝土地基等物件。自然接地体一般较长，与土壤接触面积大、散流电阻小，有时能达到采用专门接地体所达不到的效果。

2. 人工接地体

人工接地体指利用人工方法将专门的金属物体埋设于土壤中，以满足接地的要求的接地体。人工接地体绝大部分采用钢管、角钢、扁钢、圆钢制作。人工接地体又可分为垂直接地体和水平接地体两种。

3. 基础接地体

基础接地体指接地体埋设在地面以下的混凝土基础的接地体。它又可分为自然基础接地体和人工基础接地体两种。当利用钢筋混凝土基础中的其他金属结构物作为接地体时，称为自然基础接地体；当把人工接地体敷设于不加钢筋的混凝土基础时，称为人工基础接地体。

由于混凝土和土壤相似，可以将其视为具有均匀电阻率的"大地"。同时，混凝土存在固有的碱性组合物及吸水特性。因此，近几年来，国内外利用钢筋混凝土基础中的钢筋作为自然基础接地体已经取得较多的经验，故应用较为广泛。

10-14　怎样安装垂直接地体？

垂直接地体可采用直径为 40～50mm 的钢管或用 40mm×40mm×4mm 的角钢，下端加工成尖状以利于砸入地下。垂直接地体的长度为 2～3m，但不能短于 2m。垂直接地体一般由两根以上的钢管或角钢组成，或以成排布置，或以环形布置，相邻钢管或角钢之间的距离以不超过 3～5m 为宜。垂直接地体的几种典型布置如图 10-7 所示。

垂直接地体的安装应在沟挖好后，尽快敷设接地体，以防止塌方。敷设接地体通常采用打桩法将接地体打入地下。接地体应与地面垂直，不得歪斜，有效深度不小于 2m；多级接地或接地网的各接地体之间，应保持 2.5m 以上的直线距离。

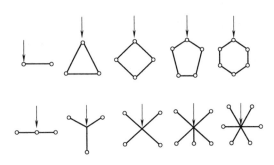

图 10-7　垂直接地体的布置

用手锤敲打角钢时，应敲打角钢端面角脊处，锤击力会顺着脊线直传到其下部尖端，容易打入、打直，若是钢管，则锤击力应集中在尖端的切点位置。若接地体与接地线在地面下连接，则应先将接地体与接地线用电焊焊接后埋土夯实。

垂直接地体端部焊接示意图如图 10-8 所示。接地干线与接地体的焊接示意图如图 10-9 所示。接地引线与接地干线的焊接示意图如图 10-10 所示。

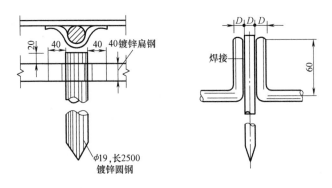

图 10-8　垂直接地体端部焊接示意图

10-15　怎样安装水平接地体？

水平接地体多采用 40mm×4mm 的扁钢或直径为 16mm 的圆钢制作，多采用放射形布置，也可以成排布置成带形或环形。水平接地体

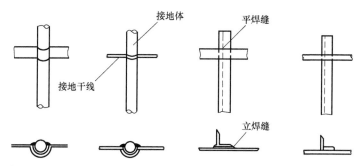

a) 扁钢与圆钢的焊接　b) 圆钢与圆钢的焊接　c) 扁钢与角钢的焊接　d) 圆钢与角钢的焊接

图 10-9　接地干线与接地体的焊接示意图

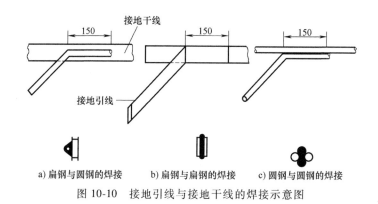

a) 扁钢与圆钢的焊接　　b) 扁钢与扁钢的焊接　　c) 圆钢与圆钢的焊接

图 10-10　接地引线与接地干线的焊接示意图

的几种典型布置如图 10-11 所示。

水平接地体的安装多用于环绕建筑四周的联合接地，常用 40mm×4mm 镀锌扁钢，最小截面积不应小于 100mm²，厚度不应小于 4mm。当接地体沟挖好后，应垂直敷设在地沟内（不应平放），垂直放置时，散流电阻较小，顶部埋设深度距地面不应小于

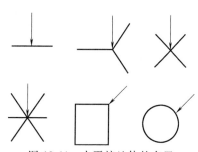

图 10-11　水平接地体的布置

0.6m，水平接地体安装如图 10-12 所示。水平接地体多根平行敷设

时，水平间距不应小于 5m。

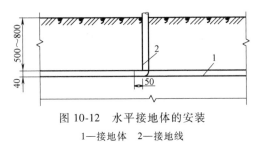

图 10-12　水平接地体的安装
1—接地体　2—接地线

沿建筑外面四周敷设成闭合环状的水平接地体，可埋设在建筑物散水及灰土基础以外的基础槽边。

将水平接地体直接敷设在基础底坑与土壤接触是不合适的。由于接地体受土的腐蚀极易损坏，被建筑物基础压在下边，给维修带来不便。

10-16　如何安装接地线？

安装接地线时应注意以下几点：

（1）接地线不应埋在白灰、焦渣的屋内，否则应用水泥砂浆全保护。

（2）接地线穿越建筑物时，应加保护管，过伸缩缝时，应留有适当裕度或采用软连接。

（3）接地线在与公路、铁路、管道交叉处及其他易受机械损伤的部位，应加钢管保护。

（4）室内暗敷（敷设在混凝土墙或砖墙内）的接地干线两端应有明露部分，并设置接线端子盒。

（5）接地线在潮湿或有腐蚀性蒸汽的房间内，离墙不应小于 10mm。

（6）接地线截面在不同的接地系统中，要满足相应系统热稳定性要求。

（7）接地线一般应便于检查，但暗敷的穿线钢管和地下的金属附件除外。

（8）接地线应有防机械损伤和化学腐蚀的措施，常用防腐措施有热镀锌或用铜包钢，再涂以沥青或加缓蚀剂等。

 10-17 选择与安装接地装置时应注意什么？

（1）每个电气装置的接地，必须用单独的保护导体与接地干线相连接或用单独接地导体与接地体相连，禁止将几个电气装置接地部分串联后与接地干线相连接。

（2）保护导体、接地线与电气设备、接地总母线或总接地端子应保证可靠的电气连接，当采用螺栓连接时，应采用镀锌件，并设防松螺母或防松垫圈。

（3）接地干线应在不同的两点及以上与接地网相连接，自然接地体应在不同的两点及以上与接地干线或接地网相连接

（4）当利用电梯轨（吊车轨道等）作接地干线时，应将其连成封闭回路。

（5）当接地体由自然接地体与人工接地体共同组成时，应分开设置连接卡子。自然接地体与人工接地体连接点应不少于两处。

（6）当采用自然接地体时，在其自然接地体的伸缩处或接头处加接跨接线，以保证良好的电气通路。

（7）接地装置的焊接应采用搭接法，最小搭接长度：扁钢为宽度的 2 倍，三面焊接；圆钢为直径的 6 倍，两个侧面焊接；圆钢与扁钢连接时，焊接长度为圆钢直径的 6 倍，两个侧面焊接。焊接必须牢固，焊缝应平直无间断、无气泡、无夹渣；焊缝处应清除干净，并涂刷沥青防腐。

 10-18 如何检查与维护接地装置？

接地装置的良好与否，直接关系到人身及设备的安全，甚至涉及系统的正常运行。在实际应用中，应对各类接地装置进行定期维护和检查，平时也应根据实际情况，进行临时性的维护和检查。接地装置检查和测量周期见表 10-1。

接地装置维护和检查的具体项目如下：

（1）接地线有无折断、损伤或严重腐蚀。

（2）接地支线与接地干线的连接是否牢固。

表 10-1　接地装置检查和测量周期

接地装置类别	检查周期	测量周期
变配电所接地网	每年一次	每年一次
车间电气设备的接地(接零)线	每年至少两次	每年一次
各种防雷保护接地装置	每年雷雨季节前检查一次	每两年一次
独立避雷针接地装置	每年雷雨季节前检查一次	每五年一次
10kV及以下线路变压器工作接地装置	随线路检查	每年一次
手持电动工具的接地(接零)线	每次使用前检查一次	每两年一次
对有腐蚀性化学成分的土壤中的接地装置	每五年局部挖开检查腐蚀情况	每两年一次

（3）接地点土壤是否因受外力影响而有松动。

（4）检查所有连接点的螺栓是否有松动，并逐一进行紧固。

（5）重复接地线、接地体及其连接处是否完好无损。

（6）挖开接地引下线周围的地面，检查地下 0.5m 左右地线受腐蚀的程度，若腐蚀严重应立即更换。

（7）检查接地线的连接线卡及跨接线等的接触是否完好。

（8）检查明敷部分接地线或接零母线上的涂漆是否脱落，若有脱离现象，需重新涂漆，以使标志清晰。

（9）检查接地体有无因受水冲击或其他原因，而造成露出地面或离地表过近，若有此类现象出现，应立即修复。

（10）做好接地装置的变更、检修、测量等记录。

10-19　什么是单相触电？

在中性点接地的电网中，当人体接触一根相线（火线）时，人体将承受 220V 的相电压，电流通过人体、大地和中性点的接地装置形成闭合回路，造成单相触电，如图 10-13 所示。此外，在高压电气设备或带电体附近，当人体与高压带电体的距离小于规定的安全距离时，将发生高压带电体对人体放电，造成触电，这种触电方式也称为单相触电。

在中性点不接地的电网中，如果线路的对地绝缘不良，也会造成单相触电。

在触电事故中，大部分属于单相触电。

10-20 什么是跨步电压触电？

当架空线路的一根带电导线断落在地上时，以落地点为中心，在地面上会形成不同的电位。如果此时人的两脚站在落地点附近，两脚之间就会有电位差，即跨步电压。由跨步电压引起的触电，称为跨步电压触电，如图 10-14 所示。

图 10-13 单相触电

图 10-14 跨步电压触电

10-21 什么是两相触电？

人体与大地绝缘的时候，同时接触两根不同的相线或人体同时接触电气设备不同相的两个带电部分时，这时电流由一根相线经过人体到另一根相线，形成闭合回路。这种情形称为两相触电，此时人体上的电压比单相触电时高，后果更为严重，如图 10-15 所示。

10-22 什么是接触电压触电？

人体与电气设备的带电外壳相接触而引起的触电，称为接触电压触电，如图 10-16 所示。当

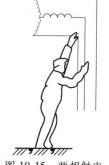
图 10-15 两相触电

电气设备（如变压器、电动机等）的绝缘损坏而使外壳带电时，电流将通过接地装置注入大地，同时在以接地点为中心的地面上形成不同的电位。如果此时人体触及带电的设备外壳，便会发生接触电压触电。而接触电压又等于相电压减去人体站立点的地面电位，所以人体站立点离接触点越近，接触电压越小；反之，接触电压就越大。

图 10-16　接触电压触电
1—变压器外壳　2—接地体

当电气设备的接地线断路时，人体触及带电外壳的触电情况与单相触电情况相同。

 10-23　使用安全电压时应注意什么？

安全电压是为了防止触电事故而采用的有特定电源的电压系列。安全电压是以人体允许电流与人体电阻的乘积为依据而确定的。安全电压一方面是相对于电压的高低而言，但更主要是指对人体安全危害甚微或没有威胁的电压。

我国安全电压标准规定的安全电压系列是 6V、12V、24V、36V 和 42V。当设备采用安全电压作直接接触防护时，只能采用额定值为 24V 以下（包括 24V）的安全电压；当作间接接触防护时，则可采用额定值为 42V 以下（包括 42V）的安全电压。

安全电压使用注意事项如下：

（1）应根据不同的场合按规程规定选择相应电压等级的安全电压。

（2）采取降压变压器取得安全电压时，应采用双绕变压器，而不能采用自耦变压器，以使一、二次绕组之间只有电磁耦合而不直接发生电的联系。

（3）安全电压的供电网络必须有一点接地（中性线或某一相线），以防电源电压偏移引起触电危险。

（4）安全电压并非绝对安全，如果人体在汗湿、皮肤破裂等情况下长时间触及电源，也可能发生电击伤害。因此，采用安全电压的同时，还要采取防止触电的其他措施。

（5）安全电压电路不接地。国家标准《安全电压》中指出："工作在安全电压下的电路，必须与其他电气系统和任何无关的可导电部分实行电气上的隔离"，即安全电压电路不接地。主要有以下原因：

1）触电机会少。一般情况下，人体同时触及电路两极的可能性较小。目前运行的安全电压电路均不接地，即使触及到电路的一极，也不会造成触电事故。

2）防止引入高电位。大地或中性线并不是始终保持零电位的。由于线路负荷的严重不平衡或中性线断线等原因，都有可能使这些部位的电位升高到危险电位。

因此，为保障安全电压电路的安全，就要求安全电压电路相对独立，保持"悬浮"不接地状态。

 10-24　防触电应采取哪些安全措施？

电工属于特殊工种，除必须熟练掌握正规的电工操作技术外，还应掌握电气安全技术，在此基础上方可参加电工操作，为保证人身安全，应注意以下几点：

（1）电工在检修电路时，应严格遵守停电操作的规定，必须先拉下总开关，并拔下熔断器（保险盒）的插座，以切断电源，方可操作。电工操作时，严禁任何形式的约时停送电，以免造成人身伤亡事故。

（2）在切断电源后，电工操作者须在停电设备的各个电源端或停电设备的进出线处，用合格的验电笔进行验电。如在刀开关或熔断器上验电时，应在断口两侧验电；在杆上电力线路验电时，应先验下层，后验上层，先验距人较近的，后验距人较远的导线。

（3）经验明设备两端确实无电后，应立即在设备工作点两端导线上挂接地线。挂接地线时，应先将地线的接地端接好，然后在导线上挂接地线，拆除接地线的程序与上述相反。

（4）为防止电路突然通电，电工在检修电路时，应采取以下措施：

1）操作前应穿具有良好绝缘的胶鞋，或在脚下垫干燥的木凳等绝缘物体，不得赤脚、穿潮湿的衣服或布鞋。

2）在已拉下的总开关处挂上"有人工作，禁止合闸"的警告牌，并进行验电；或一人监护，一人操作，以防他人误把总开关合上。同时，还要拔下用户熔断器上的插盖。注意，在动手检修前，仍要进行验电。

3）在操作过程中，不可接触非木结构的建筑物，如砖墙、水泥墙等，潮湿的木结构也不可触及。同时，不可同没有与大地绝缘的人接触。

4）在检修灯头时，应将电灯开关断开；在检修电灯开关时，应将灯泡卸下。在具体操作时，要坚持单线操作，并及时包扎接线头，防止人体同时触及两个线头。

以上只是一些基本的电工安全作业要点，在实际工作中，还应根据具体条件，制定符合实际情况的安全规程。国家及有关部门颁发了一系列的电工安全规程规范，维修电工必须认真学习，严格遵守。

10-25　进行电气操作有哪些规定？

（1）操作前应核对现场设备名称、编号和开关、刀开关的分、合位置。操作完毕后，应进行全面检查。

（2）电器操作顺序：停电时应先断开开关，后断开刀开关或熔断器；送电时与上述顺序相反。

（3）合刀开关时，当刀开关接近静触头时，应快速将刀开关合入，但当刀开关触头接近合闸终点时，不得有冲击；拉刀开关时，当动触头快要离开静触头时，应迅速断开，然后操作至终点。

（4）开关、刀开关操作后，应进行检查。合闸后，应检查三相接触是否良好，联动操作手柄是否制动良好；拉闸后，应检查三相动、静触头是否断开，动触头和静触头之间的空气距离是否合格，联动操作手柄是否制动良好。

（5）操作时如发现疑问或发生异常故障，应立即停止操作；待问题查清、处理后，方可继续操作。

10-26 安全用电常识有哪些？

（1）严禁用一线一地安装用电器具。

（2）在一个电源插座上不允许引接过多或功率过大的用电器具和设备。

（3）未掌握有关电气设备和电气线路知识的专业人员，不可安装和拆卸电气设备及线路。

（4）严禁用金属丝绑扎电源线。

（5）严禁用潮湿的手接触开关、插座及具有金属外壳的电气设备，不可用湿布擦拭上述电器。

（6）堆放物资、安装其他设备或搬移各种物体时，必须与带电设备或带电导体相隔一定的安全距离。

（7）严禁在电动机和各种电气设备上放置衣物，不可在电动机上坐立，不可将雨具等挂在电动机或电气设备的上方。

（8）在搬移电焊机、鼓风机、洗衣机、电视机、电风扇、电炉和电钻等可移动电器时，要先切断电源，更不可拖拉电源线来移动电器。

（9）在潮湿的环境下使用可移动电器时，必须采用额定电压 36V 及以下的低压电器。在金属容器及管道内使用移动电器，应使用 12V 的低压电器，并要加接临时开关，还要有专人在该容器外监视。安全电压的移动电器应装特殊型号的插头，以防误插入 220V 或 380V 的插座内。

（10）雷雨天气，不可走近高压电杆、铁塔和避雷针的接地导线周围，以防雷电伤人。

10-27 避免直接触电应采取的措施有哪些？

所谓直接触电，是指直接触及或过分接近正常运行的带电体所引起的触电。为避免直接触电，应采取以下防护措施：

（1）绝缘。即用绝缘物防止触及带电体。但应注意，单独靠涂漆、漆包等类似的绝缘来防止触电是不够的。

（2）屏护。即用屏障或围栏防止触及带电体。其主要目的是使人们意识到超越屏障或围栏会发生危险，而不会触及带电体。

（3）间隔。即保持间隔以防止无意触及带电体。

（4）障碍。即设置障碍以防止无意触及带电体。

（5）漏电保护装置。漏电保护又叫残余电流保护或接地故障电流保护。它只作为附加保护，其动作电流不宜超过30mA。

 10-28　如何防止发生人身触电事故？

引起触电事故的原因主要有缺乏电气安全知识、违反规程、设备不合格、维修不到位以及自然灾害等。

为了防止发生人身触电事故，通常应采取以下措施：

（1）保持电气设备的绝缘完好，定期测试绝缘电阻值，若低于规定值，应立即停用进行维修。

（2）电气设备的接线必须正确无误。

（3）设备的金属外壳必须有良好的保护接地措施。

（4）在低压配电网络中装设漏电保护装置。

 10-29　怎样使触电者迅速脱离电源？

当发现有人触电时，首先应切断电源开关，或用木棒、竹竿等不导电的物体挑开触电者身上的电线，也可用干燥的木把斧头等砍断靠近电源侧电线，砍电线时，要注意防止电线断落到别人或自己身上。

如果发现在高压设备上有人触电时，应立即穿上绝缘鞋、戴上绝缘手套，并使用适合该电压等级的绝缘棒作为工具，使触电者脱离带电设备。

使触电者脱离电源时，千万不能用手直接去拉触电者，更不能用金属或潮湿的物件去挑电线，否则救护人员自己也会触电。在夜间或风雨天救人时，更应注意安全。

 10-30　触电抢救的原则是什么？

发生触电后，现场抢救必须做到迅速、就地、准确、坚持。

迅速就是要争分夺秒、千方百计地使触电者脱离电源，并将触电者放在安全的地方。这是现场抢救的关键。

就地就是争取时间，在现场（安全的地方）就地抢救触电者。

准确就是抢救的方法和实施的动作、姿势要正确。

坚持就是抢救必须坚持到底，直至医务人员判断触电者已经死亡，无法救治时，才能停止抢救。

 10-31　如何判断触电者的呼吸和心跳情况？

使触电者脱离电源后，应立即就近移至干燥通风的场所，注意切勿慌乱和围观，观察触电者的状况，如意识丧失，应在 10s 内用看、听、试的方法，判断触电者的呼吸、心跳情况。

（1）看。触电者的胸部、腹部有无起伏动作。

（2）听。用耳贴近触电者的口鼻处，听有无呼气声音。

（3）试。测试口鼻有无呼气的气流，再用两手指轻试一侧（左或右）喉结旁凹陷处的颈动脉有无搏动。

若看、听、试的结果为既无呼吸又无颈动脉搏动，则可判断呼吸、心跳停止。

 10-32　如何对触电者进行救护？

1. 触电不太严重时的救护

触电者脱离电源后，神志清醒，只是感到有些心慌、四肢发麻、全身无力；或者触电者在触电过程中曾一度昏迷，但很快就恢复知觉。在这种情况下，应使触电者在空气流通的地方静卧休息，不要走动，让他自己慢慢恢复正常，并注意观察病情变化，必要时可请医生前来诊治或送医院。

2. 触电严重时的救护

（1）人工呼吸法

具体做法是，先使触电者脸朝上仰卧，头抬高，鼻孔尽量朝上，救护人员一只手捏紧触电者的鼻子，另一只手掰开触电者的嘴，救护人员紧贴触电者的嘴吹气，如图 10-17a 所示。也可隔一层纱布或手帕吹气，吹气时用力大小应根据不同的触电者而有所区别。每次吹气要以触电者的胸部微微鼓起为宜，吹气后立即将嘴移开，放松触电者的鼻孔使嘴张开，或用手拉开其下嘴唇，使空气呼出，如图 10-17b 所示。吹气速度应均匀，一般为每5s重复一次（吹2s、放3s）。触电者如已开始恢复自主呼吸后，还应仔细观察呼吸是否还会停止。如果再度停止，应再进行人工呼吸，但这时人工呼吸要与触电者微弱的自主呼吸规律一致。

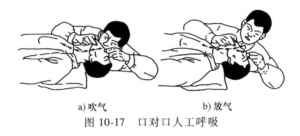

a) 吹气　　　　　　　　b) 放气

图 10-17　口对口人工呼吸

（2）胸外心脏按压法

胸外心脏按压法是触电者心脏停止跳动后的急救方法。做胸外心脏按压法时，应使触电者仰卧在比较坚实的地方，如木板、硬地上。救护人员双膝跪在触电者一侧，将一手的掌根放在触电者的胸骨下端，如图 10-18a 所示，另一只手叠于其上如图 10-18b 所示，靠救护人员上身的体重，向胸骨下端用力加压，使其陷下 3cm 左右，如图 10-18c 所示，随即放松（注意手掌不要离开胸壁），让其胸廓自行弹起，如图10-18d所示。如此有节奏地进行按压，每分钟 100 次左右为宜。

胸外心脏按压法可以与人工呼吸法同时进行，如果有两人救护，可同时采用两种方法；如果只有一人救护，可交替采用两种方法，先按压心脏 30 次，再吹一次气，如此反复进行效果较理想。

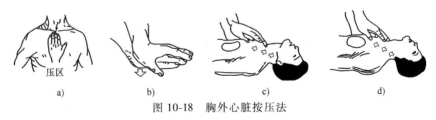

压区　　　　　　　　　　

a)　　　　　　b)　　　　　　c)　　　　　　d)

图 10-18　胸外心脏按压法

在抢救过程中，如果发现触电者皮肤由紫变红，瞳孔由大变小，则说明抢救收到了效果。当发现触电者能够自己呼吸时，即可停止做人工呼吸，如人工呼吸停止后，触电者仍不能自己维持呼吸，则应立即再做人工呼吸，直至其脱离危险。

此外，对于与触电同时发生的外伤，应视情况酌情处理。对于不危及生命的轻度外伤，可放在触电急救之后处理；对于严重的外伤，应与人工呼吸和胸外心脏按压同时进行处理；如果伤口出血较多应予止血，为避免伤口感染，最好予以包扎，使触电者尽快脱离生命危险。

参 考 文 献

[1]　孙克军. 物业电工技术问答 [M]. 北京：中国电力出版社，2005.

[2]　孙雅欣. 建筑电气工长一本通 [M]. 北京：中国建材工业出版社，2010.

[3]　陈红. 楼宇机电设备管理 [M]. 北京：清华大学出版社，2007.

[4]　陈家斌，陈蕾. 电气照明实用技术 [M]. 郑州：河南科学技术出版社，2008.

[5]　王丽艳. 实用物业电工技术 [M]. 北京：化学工业出版社，2008.

[6]　张振文. 建筑弱电工技术 [M]. 北京：国防工业出版社，2009.

[7]　赵连玺，等. 建筑应用电工 [M]. 4版. 北京：中国建筑工业出版社，2006.

[8]　郑发泰. 建筑供配电与照明系统施工 [M]. 北京：中国建筑工业出版社，2005.

[9]　韩广兴. 物业电工技能学用速成 [M]. 北京：电子工业出版社，2009.

[10]　安顺合. 建筑电气工程技术问答 [M]. 北京：中国电力出版社，2004.

[11]　刘晓胜. 智能小区与通信技术 [M]. 北京：电子工业出版社，2004.

[12]　徐第. 物业电工上岗技能一读通 [M]. 北京：机械工业出版社，2014.

[13]　赵乃卓，张明健. 智能楼宇自动化技术 [M]. 北京：中国电力出版社，2009.

[14]　张玉萍. 实用建筑电气安装技术手册 [M]. 北京：中国建材工业出版社，2008.